给女白领看的职场减压书

王　斌◎编著

海潮出版社
Hai Chao Press

图书在版编目(CIP)数据

给女白领看的职场减压书 / 王斌编著.—北京：海潮出版社，2011.9
ISBN 978-7-5157-0008-3

Ⅰ.①给… Ⅱ.①王… Ⅲ.①女性—成功心理—通俗读物
Ⅳ.①B848.4-49

中国版本图书馆CIP数据核字(2011)第164420号

书　　名：给女白领看的职场减压书
编　　著：王　斌
责任编辑：崔树森
封面设计：大象设计
责任校对：徐云霞
出版发行：海潮出版社
社　　址：北京市西三环中路19号
邮政编码：100841
电　　话：(010)66969738(发行)　66969747(编辑)　66969746(邮购)
经　　销：全国新华书店
印刷装订：北京业和印务有限公司
开　　本：787mm×1092mm　1/16
印　　张：18.75
字　　数：260千字
版　　次：2011年9月第1版
印　　次：2011年9月第1次印刷
ISBN 978-7-5157-0008-3
定　　价：35.00元

前言

Preface

一直以来，女白领们都是被高学历与高收入光环所围绕的宠儿，外界认为她们每天在明亮的写字楼里可以轻松办公，下班后又有悠闲的时光，生活如此惬意，似乎不应该有任何的烦恼。其实不然，女白领们光鲜亮丽的背后是常人无法体会的高压力生活环境。

调查显示：90%的女白领不同程度地承受着各种压力，依次为工作压力、子女教育压力、工作与家庭难以兼顾的压力、婚姻情感压力、健康压力、经济压力，众多的压力使得女白领不堪重负、身心疲惫。

女白领怎样才能成为事业的能手、温馨的妻子、孝顺的女儿、慈爱的母亲、朋友的知音呢？轻轻翻开这本书，赠你一把悠然自得的金钥匙。

压力看不见摸不着，却如影随形地跟着现代人。你愿意过一种没有压力的生活吗？其实，没有压力的生活也许是最无聊的。压力是一把双刃剑，宏观世界能成为生活的动力，也会剥夺你的生活乐趣。

职场如战场，不见硝烟，却也风波频起，精明的人凭借非凡的智慧，将复杂的人际关系、无法摆脱的种种压力，一刀斩于马下，成为职场无敌的勇士。本书要告诉你的是，如何面对来自各方的职场压力。

在追求成功和幸福的过程中，我们会遇到许多阻力和困扰，以及方方面面的压力，比如来自领导、同事、下属、客户、家庭等等各个方面。在与这些压力的对抗中，我们总会暴露出自己本性中最脆弱的一面，就如雏燕欲飞前那无力扇动的柔弱翅膀，又如幼蝉脱壳前那包围自身的束缚，这一切都在无声无息中慢慢地消磨着我们的生命。

而本书要告诉你的是，如何面对来自各方的职场压力。在阅读本书的过程中你会发现大量有价值且立马见效的策略，这些都将有助于你恢复紧张工作的平衡，重新展望未来的美好生活。而且在后面的内容中，你会发现许多简单而实用的方法，帮助你对付压力，快乐地工作。

俗话说“井没压力不出油，人无压力轻飘飘”。毫无疑问适当的压力有助于提高工作效率；特殊的压力可以激发人的潜力，让人在特定环境下迸发出超乎寻常的力量。然而，压力太大或控制不当也常常对人们的身心产生严重的负面影响。诸如容易疲倦、暴躁、焦虑和易怒等，进而造成工作效率下降；长期焦虑不安会睡眠不好，降低身体免疫力，容易患抑郁症、甚至癌症等疾病；超负荷的压力还可以直接把人压垮！

由此可见，压力这把双刃剑，可助人，亦可伤人。

现代社会节奏越来越快，竞争加剧，职场压力也必然越来越大，并逐步取代疾病，成为危害人们身心健康的隐形杀手。然而身为职场中人，压力是避免不了的，那么，正确的认识压力，学会减压就成为我们的必然选择，毕竟学会减压才能承担更大的压力！

减压是一门聪明人的必修课，通过阅读本书，你可以看清压力的实质，认识压力的来源；清点自己的压力，最终，变压力为动力，从压力的苦恼中解脱出来，甩掉包袱轻装前进。

现代女性，感情、婚姻、职场这三大方面成了压力的“制造源”。心理专家认为，女白领婚姻比较脆弱，第三者的介入，婚育期的限制等等，无论女性有多能干，多有才华，其职业上升的过程也会比男性更曲折。

希望这本专为女白领们量身定做的减压书，能给在职场承受着压力、辛勤打拼的女士们的心灵带来春天般的慰藉。

目录

Contents

第一章

压力，挺“倔强”

“压力”一词已经屡听不鲜，有人认为，压力是对人的折磨；也有人认为，压力是对人的考验。其实压力是一个人在生活中受到的挫折，但人又必须承担它。

第二章

好心态迎接职场压力的挑战

著名心理学家罗伯尔说:“压力如同一把刀,它可以为我们所用,也可以把我们割伤。那要看你握住的是刀刃还是刀柄。”

第三章

内外兼修找回女白领的好心态

很多时候,人生就像过桥,失败的原因恐怕不是力量薄弱、智能低下,而是周围环境的威慑——面对险境,很多人早就失去了平衡的心态,慌了手脚,乱了方寸。

第四章

做一个笑对职场的女人

我们要认识到危机即是转机,遇到困难,产生压力,一方面可能是自己的能力不足,因此整个问题处理过程,就成为增强自己能力、发展成长重要的机会。

第五章

女白领职场纵横术

现今的职场,崇尚团体协作,靠孤军备战,把自己逼成一个苦行僧,精神倒是可嘉,却失去了女人的可爱和乐趣。

第六章

做写字楼里的高手

身处日新月异的科技世界,不进则退。现代女性明白这点,所以她们不断自我充实,提升自我的知识和技能。她也许没有天生的优势,但绝对相信后天的创造。

第七章

称职方能升职

所有被升职的人都对自己的工作充满自豪感,为工作而自豪。他们生来就充满激情,即便是做最小的事。他们对自己充满信心,也对部门和公司的目标信心百倍。

第八章

优雅美丽才是真正的女白领

繁华都市，漂亮的女人就是一道最美的风景。而其中，那些穿梭于各大写字楼的女白领们，无疑就是这道美景最大的亮点。春去秋来，都市的每一条街、每一座桥都成为展示女白领们性感和美丽的大舞台。

第九章

健康让女白领神采飞扬

女人如花，即使没有“花容月貌”的美艳，女人的生命也该如花般美丽绽放。人们常说健康美，只有健康了，才会显得神采飞扬。

第十章

幸福在自己手中

幸福是不能全部描写出来的，它只能体会，体会越深就越难以描写，因为真正的幸福不是一些事实的汇集，而是一种状态的持续。

第一章

压力，挺“倔强”

“压力”一词已经屡听不鲜，有人认为，压力是对人的折磨；也有人认为，压力是对人的考验。其实压力是一个人在生活中受到的挫折，但人又必须承担它。

压力需要“牵”着走

压力对于每一个人都有必要的作用。众所周知的大诗人李白，在面对“欲渡黄河冰塞川，将登太行封雪满山”这样大的压力时，发出了“行路难，行路难，多歧路，今安在？”的悲叹，但是他又必须面对压力，承受压力，从而写下了“长风破浪会有时，直挂云帆济沧海”的千古名句。这就充分展示了诗人在压力下的自信，壮志凌云的豪情。的确，当我们学会了面对压力，承受压力以后，我们就会感悟到压力的好处。

许多人感觉生活中的压力很大，但是他们却并不知道压力也有它的好处。“今天不流辛勤的汗，明天将流悔恨的泪”，如果我们现在不去面对压力，不去承受压力，在不久的明天，我们将流下悔恨的泪。所以，知道压力的好处，化压力为动力，是我们每一个人必须俱备的素养。

压力能让你更有创造力。当你去问一位作家或艺术家，他们是怎么创作出那么好的作品的？他们一定会告诉你，这些作品都是经过苦思冥想，重重压力才创造出来的。之所以会这样，是有原因的。如果我们的大脑非常平静，非常放松，那它们就不会选择以不同的方式看待事物。

压力能让你更快地解决问题。你的生活是不是正在遭遇坎坷，你是不是在烦恼要不要下某个大决定呢？这种类型的忧虑其实是有益的。压力强调价值观。如果我们对一些事并不关心，也就不会去为它担心了。所以仔细考虑一下，你的压力在传递给你怎样的信息。当我们从“心”出发，我们是最开心的人了，但过度忧虑有时又会适得其反。当自己处在压力与忧虑之中时，是很难倾听自己的心声的。所以小小的休息一下，你可以散个步，晚上睡个好觉或出去吃点东西，都可谓是放松的好方法。

压力会使人进步，会使人变得坚强，那么，没有压力对我们又有什么坏处呢？如果没有压力，我们整天“吃喝享乐”，必然有一天会成为“生于忧患，死于安乐”的应验者。尤其是作为社会精英的女白领，如果不想去面对压力，努力工作，整天只想着玩乐，就有可能在激烈的竞争中被淘汰。因此，为了将来不流悔恨的泪，现在就应该流下辛勤的汗水。

没有压力，就没有了动力，当然也就失去了向前奋进的欲望。反过来，如果有了压力，我们就应该用坚强的意志、宽广的胸襟去承受、去感悟。正所谓“没有暴风雨时的悲哀，哪有雨过天晴后美丽的彩虹；没有过去的辛酸劳苦，哪得现在幸福生活？”

适当的压力是有好处的，它可以让我们成长，但如果超过了我们承受压力的极限，恐怕亚健康与抑郁症之类的疾病就离我们不远了。

人人身上都有担子，无形的担子比有形的担子更催人。老辈人常说，担担子的比空走的快得多。不错，身上有了压力，有了负荷，就好像警钟随时会敲响并提醒我们，任务很重，我们还有未完成的使命。这样难道还不足以使我们一直不肯放慢前行的脚步吗？

所以说，要以乐观向上、积极健康的态度去面对压力，勇敢地背负它，要在压力面前变得强大起来。你若畏畏缩缩，踟蹰不前，压力就会在你面前无限地膨胀，变得高不可攀。

人在极度压力的情况下，体内的紧急动员系统会启动，从脑深层的下视将指令传给脑下垂体，发出强力讯息再给肾上腺，然后分泌出压力荷尔蒙——肾上腺素。肾上腺素分泌过多，会减弱人体的消化能力，压抑平时极重要的免疫系统运作，所以身体若长期处在高压状态下，全身酸痛、高血脂、癌症和抑郁症之类的疾病就会涌出来了，所以应付压力，与压力和平共处是再重要不过了。

心灵驿站

当我们用一种新的方式来对待问题的时候，大脑会自动加载压力，因为改变与压力是相伴而行的。所以一旦改变创作方式，你的创意作品会让你感到有些小小的担心，因为对你来说，它是一样新事物，你不知道大众对它会有怎样的反应。

别让压力绊了脚

对女白领而言,工作也许不像制造业者那样,无法免于工厂伤害的威胁,也不像服务业者那样须借助别人的合作来完成自己的工作,但是,在办公室里工作的你,同样也遭遇着各种各样诸多不同性质的压力:

(1)工作时间不定。在办公室内,无酬超时工作经常上演着。这一方面来自上司的不合理要求,另一方面也是因员工为争取上司的嘉奖而形成的。然而,员工接受了上述不合理的工作状况,实际上是压抑了隐忍的疲惫负担。值得上司注意的是:适当的工作时间,才能保持员工工作的最佳效率。

(2)交通时间过长。近年来因车辆快速增加,致使交通拥塞的情况日渐加剧,尤以一些大都市更为严重。这些难以预估的拖延,往往令上班族耗损大量时间与精力。每天如此,对于员工上班的精神状态有不少影响。

(3)工作量不平均。不少办公室内的工作常会有一会儿空闲、一会儿却忙得不可开交的情况,工作量不平均,有时空闲,有时忙碌,往往会打乱办事者的情绪,造成压力。尤其在空闲时不能做其他私人的事情打发时间,但忙碌时却又忙得“天下大乱”,这种情况是员工最感困扰的。

(4)呆滞的工作。变化不大的工作,使员工如机器般,不断重复该项工作,又不能允许任何差错,花费的精神因此更多,因长时间的工作形态固定,致使患有肩胛、手腕病变等职业病的机会增加,但这些却与升职机会不成正比。长期从事某项工作,容易产生郁闷呆滞的倦怠感,反之,成就感及满足感日减。

各种各样的工作经历和工作状态使我们必须面对许多情景，结识很多人。为了求职成功,为了得到提升,为了在职场上表现得游刃有余,我们需要和领导、同事及客户做好沟通与交流,而当我们在为这些事而奔波忙碌的时候,心理也在不断地发生着变化。

在这种变化中，大多数人都会感到自己的心理或多或少受到了一些创伤,但是却不清楚为何会这样。也许你不知道,职场中的任何一个人都有可能出现心理问题的。

在北京、上海等大城市,有这么一个群体,他们一般具有本科以上学历、5年以上工作经验、年薪一般在10万元以上,但他们不是资本所有者,而只是在某个盈利性机构中担任一定职务的高级管理者，这类人就是人们常说的“高级打工者”。

这是一个享受着社会羡慕眼光的优势群体。因为在普通人眼里他们衣食无忧。他们通过按揭的方式能拥有自己的住房和私家车。只要足够小心,不出什么意外的话,他们的生活还是很滋润的。

然而,这也是一个在心理上备受煎熬的特殊群体。他们所承受的压力使得他们中很多人的人性多少都有些被扭曲。他们所做的,很多并不是自己想做的。他们所说的,很多也是连自己都认为是不该说的。这种身心与言行的分离,使得很多本来很优秀的人才也只能碌碌无为,在灰暗中苦苦等待自己职业生涯的结束。

职业对身体健康或心理状况的影响已被发现、被注重;反之,个人的心理健康对工作可能造成的影响,也在日渐受到重视。例如,美国曾有一个针对航空领航员的报告指出,情绪的因素已从工作表现中受到要求。该份报告中说明,航空领航员的工作是具有高压力的职业,这也就是为什么领航者必须定期做血压、心跳等检查,因为情绪上的健康与身体的状况良好一样重要,而情绪可以在数分钟内立刻变坏。在美国、荷兰以及其他一些国家,在每一次空难事件过后,对领航者身体的剖析,已经延伸至精神及心理的剖析,常常发现领航导致意外是因为他在当时有情绪上的问题,比方说当他与妻子刚吵过一架之后的数小时，虽已通过医学上的重量性检查,可是,他可能并不适合在此时段内做飞行工作。

无论哪种性质的职业,都会为其工作者带来压力,但是,相关研究指出,失业的压力可能比具有重大责任的工作者所受的压力还要大,因为,根据资料显示,上升的患病及早死率,与失业率的升高有着显著的正比关系。

心灵驿站

俗话说职场如战场,任何一个周旋于职场之中的上班族,都不得不面对求职、提升、辞职或转行等工作问题。

压力出“笼”就伤人

当代科学技术飞速发展,信息量快速增加,女白领的工作节奏相应加快,市场竞争机制的建立亦使人们的心理压力加重,随之而来的时间观念、工作效率和生活内容也在发生变化。这些都容易使人产生紧迫感、压力感和焦虑感,引起一系列心理应激反应,这一系列应激反应如不及时处理,将会身体造成不必要的伤害。

压力就好比被关在笼子里的老虎,出笼就会伤人。

对动物、人等个体来说,当觉察到有外在威胁出现时,如果它要生存下去,则必须做出立即的行动,并需要额外的力量,身体的自主系统会根据需要,产生出一连串的自动化反应。这是由脑部所控制的生理性压力反应,主要功能是调节身体器官活动的自律神经系统,在个体认为自己正面临压力时,会使呼吸加快加深、心跳加速、血管收缩和血压升高。除了这些内部的变化外，喉咙和鼻子的肌肉也会放松，以便更多的空气得以进入肺部。

另外，脸部也会产生强烈情绪化的表情，这个信息还会传到平滑肌，以中止某些身体功能，诸如消化作用。自律神经系统在压力时期的另一个功能，是促使肾上腺分泌两种激素——肾上腺素和副肾上腺素。在压力时期，自律神经系统也会促使一种脑部麻醉物质分泌，这些物质和吗啡一样，都有减轻痛苦的功效。

很多研究表明，心理、社会因素的刺激，总是伴随着相应的情绪变化而引起或影响疾病的发生与发展。医学心理学研究证实当人体处于应激状态时，血压升高，血液中的游离脂肪酸含量增加，可通过肝脏转化为甘油三酯，沉积在动脉壁上，形成动脉粥样硬化斑；

另外，由于交感神经兴奋性增强，使血糖也升高，会加速动脉硬化和诱发心血管疾病。长期处于心理应激状态还会使人体引发多种疾患，诸如紧张性头痛、多汗症、脱发症、神经性呕吐、神经性厌食、过敏性结肠炎、消化性溃疡、糖尿病、女性月经失调、男性阳痿早泄等等。同时，对免疫性疾病、恶性肿瘤的发生发展也起着推波助澜的作用。

身体长期处于抗拒外来压力或威胁的阶段，是一种紧张和消耗体能的情况，时间久了，就会导致身体构造和功能的损害，若发展成为病态情况的话，则可能导致极端衰竭，甚至死亡。

当暴露长期性压力的实验室动物终于死亡后，雪莱解剖它们的身体，他发现它们肾上腺肿大，淋巴结和胸腺(参与了免疫作用的器官)萎缩，胃部布满充血的溃疡。可见，长期持续的压力已造成它们身体组织的大量破坏。

压力过大会引发免疫力下降等很多问题。研究发现，无论是长期的心理压力，还是短期心理压力，都会影响免疫系统的活力。心理压力大还会有以下负面效应：

首先，让人产生不快乐、抑郁、焦虑、痛苦、不满、悲观以及闷闷不乐的感觉，觉得生活毫无情趣，自制力下降，突然发怒、流泪或是大笑，独立工作能力下降，平时好动的人变得懒惰，平时好静的人变得情绪激动，原本随和的性格突然暴躁易怒，对感官刺激无法容忍和回避，对音乐、电光、家庭成员或部下的交谈声等突然无法容忍。

其次，压力大容易使人与他人的矛盾冲突增多，影响工作绩效，使人变得健忘、倦怠、效率降低。

再者，心理压力过大的人会变得冷漠而轻率，他们仍然能够处理小问题和日常活动，但不能面对他们担忧的重大问题，无法做出正常决策，进而易做出不负责任的草率行为。

近年来有越来越多的有识之士呼吁，重视人的心理健康问题和社会适应能力的培养。事实上，世界卫生组织已经将上述两项与身体健康一道，纳入人类健康的新标准。说来也不奇怪，心理和精神因素使人致病不光在我国日益突出，就是在很多工业化发达的国家中，由此惹出的麻烦也不少。20 世纪 80 年代的美国人中，因心理压力导致紧张而患病者每年达 39 万之众，医疗费支出高达上亿美元。

心灵驿站

人体对应激的调节作用是有限的。如果因应激而失衡的机体内环境长期得不到恢复，或持续受到应激性刺激，则可能转为病理改变，进而导致身心疾病。

身心健康才能承受压力

工作压力递增、都市节奏太快，不是女白领不小心，而是职场压力太大。有数据显示，中国约有 70%的白领处于亚健康状态。而时下风行的各类减压方式，更是令身心俱疲的白领们深感迷茫。

1993 年 3 月，上海大众汽车有限公司总经理方宏跳楼身亡；

2003 年 6 月，温州市浙江东方集团副总经理朱永龙因长期精神抑郁自杀身亡；同年 8 月 4 日凌晨，韩国现代集团董事长郑梦宪跳楼归去；

2005 年 4 月，54 岁的爱立信（中国）有限公司总裁杨迈由于心脏骤停在京突然辞世。

伴随这些精英的离世，职场压力像块冰冷的石头一样横在人们心间。英国著名心理学家贝佛利曾说过："过度疲劳的人是在追求死亡"。如果在 Google 上输入"白领减压"四个字，共得到 36100 项与之相关的结果。而每年中国有近 45%的人觉得压力较大，有 21%的人觉得很大，有 3%的人觉得压力极大，濒临崩溃。

一般情况下，生理性反应无法以意识加以控制。而心理性反应则与个体对外界环境的知觉和解释及个体处理压力的能力有关，它是可以学习得到的。这些心理反应可以归纳为行为的、情绪的和认知的三方面。

行为方面

面对压力，个体会有各种行为方面的变化，而这些变化决定于压力的程度，个体的特质和环境的可能性。一般压力的程度可分为轻度、中度和重度。

轻度的压力会增强个体的一些生物性行为，如进食，攻击和性行为，也可以导致正向的行为适应，比如对环境刺激敏感性增大，警觉性提高，使用较适当的态度以及处理技巧。

压力如果长期不解决，则会随着时间的累积，而成为较严重的压力，从而引起不良的适应行为反应，如注意力减退，耐心降低，容易烦躁。中度压力会妨碍行为，特别是需要身体各部位协调的复杂行为。中度压力会造成重复的，刻板行为动作，使个体无法调和环境的要求，而这些刻板的行为动作会成为一种稳定的形态。

事实上，这些反应有两方面的效果：一方面它可减低个体对环境的敏感性，降低压力刺激，另一方面这些动作也是对环境无法适应的表现。

情绪方面

压力的情绪反应是多样化的，从较正面的精神振奋，到普遍的负向情绪，如愤怒，暴躁，忧郁，焦虑，沮丧等。而在大多数情况下，压力所带来的多为负向的情绪反应。

认知方面

当个体认定某一压力源具有威胁性时，在智力方面的功能就会受到影响。一般而言，压力越大，认知效能就越低，思维的变通性便越差。人们的注意力是相当有限的，如果将注意的焦点置于威胁性的事件及个人的焦虑上，对外界环境的注意力便会大幅度下降，威胁便不容易消除。

此外，压力还会影响个体的记忆力，干扰问题的解决、判断和决策，这是由于压力使知觉范围缩小，并以僵化的方式思考所致。

心理压力会引发躯体症状和情感、精神方面的症状，实际上这种压力最终导致躯体和心理方面的症状有一个过程：

第一个过程就是警戒阶段，一旦有一个事件，比如工作负担突然加重的情况，大脑接受这个信号之后，大脑皮层就会发信号给脑垂体，脑垂体给你的肾上腺、胰腺、免疫系统发信号，让你产生躯体的变化，比如呼吸增快、心跳加速、血压升高、汗腺分泌增加。为什么出现这样的情况？这是身体为了让你产生足够的能量去应付这样的负担，完成领导交给你这么重的任务。这是第一阶段。

第二阶段是对抗期，或者说战斗期，除了第一阶段的症状外，第二阶段主要是平衡，比如已经跟领导之间达成共识要完成这个任务。为了完成这个任务，你体内激素的分泌会发生变化，血糖会增高，免疫系统的功能会增强，这个时候人体处在一种战斗的状态。

这些身体的变化目的是使你很好地完成这个工作任务，虽然很困难，但是你完成了，可以说战胜了这个压力，完成之后你会很放松。但是有两种情况，第一种情况有的人就完不成，到12点，到凌晨1点还没完成工作任务，到了衰竭的程度，免疫系统会被损坏，再发展下去就是我刚才说的躯体、精神、情感症状，这是压力给人体造成损害的过程。

心灵驿站

在我们生活的这个世界，所谓的负荷、压力，大多都不是外界强加给我们的。事实上，心中的负担才是我们人生道路上最重的负担和精神桎梏。只有把生命中那些多余的东西完全抛弃，我们的生活才能过得轻松而潇洒。

都是压力惹的祸

不仅健康方面如此，情感缺失也日益成为白领关注的热点。由于没有足够的时间接触异性，白领女性的婚姻状况也提上了日程。许多优秀的白领女性到了适婚的年龄却没有恋人，成为剩女、剩斗士，情感的缺失也影响了日常的生活。白领们常利用周末时间相亲，更多的是利用午餐的时间"约会"半个小时。

在某省"OL阳光盛典"活动之一的"纯爱山楂树"大型联谊活动现场。从事电子生意的吴女士，年近40，却还是孑然一身。问其原因，她说，自己当年一人出来打拼，从事服装批发生意，因为头脑精明，所以生意做得红红火火。算是一个小个体户的自己，虽然生意有起有落，低潮时也难免有些压力，但自己已经积攒了一笔可观的财富，生活大可无忧，所以对工作自己并不是很感焦虑。然而，让自己倍感焦虑和压抑的，是自己嫁出去好像越来越难。吴女士坦言，女人40像落花，没人会想收落花。为了能让自己看起来年轻些，在化妆品和美容上自己从来不吝惜金钱，往往国际大品牌一推出什么新产品，自己就会去香港购买，但是化妆品或许可以提亮脸色，但脸上那份久经岁月的城府却是什么化妆品都掩盖不掉的，也就是这份显而易见的城府让自己一次次地与爱情失之交臂。她说，现在单身的她最大的渴望就是能尽快找到一个知心爱人，对方身家样貌都无所谓，关键是要懂她爱她疼她。

单身白领女性婚姻压力大需要解救，而不少身居要职的已经结婚的白领，往往也遭遇家庭感情不和的困扰，有的甚至面临离异。来自家庭和感情生活的问题，既让这些白领女性分心，又带来很大的压力。

除了工作、婚姻、房子等压力，子女的教育也成为白领的压力来源。

今年才26岁的胡女士，小孩已经两岁了，虽然孩子有公公、婆婆料理，但孩子还是时常吵着要妈妈，自己在某机关单位上班，职场上虽然对晋升没有太多的想法，但是难免的竞争压力还是常常让自己心力交瘁，不过机关单位能让自己有个比较规律的作息，每天早上自己会先给家里人熬好粥，每天傍晚自己会按时回家照看冷落了一天的孩子。但是，小男孩爱闹，喜欢在家里四处攀爬，公公、婆婆手脚不利索，有时候一不小心，孩子就到了厨房，拧这拧那，让人操心不已，经常上班就担心孩子在家里是不是会出事故，一天要打好几次电话。

在计划生养孩子前，大多数女白领除了供房，还要攒下一笔“奶粉钱”来解决育儿的各种支出。但事实上，在孩子真正出生后，各种意想不到的花销，让不少家庭感觉到经济变得紧张。尤其当孩子进入适学年龄，教育培训费用及其他开支，往往让年轻女白领感到措手不及。

孩子正在上小学一年级的彭女士介绍，女儿从上幼儿园开始就报名上了好几个兴趣班，比如合唱、国际象棋、书法、跆拳道、绘画等，一个学期下来，除了交给幼儿园几千元的学费，这些兴趣班的培训费也要好几千。彭女士说，她最怕到学校去开家长会，会上遇到一些家长就会互相问，“你家孩子报了什么班？有没有学这学那的。”有时本来不想去增加家里和孩子的负担，但是又怕落后于其他孩子，只好把孩子送进一个又一个的兴趣班。“不仅增加了家里经济压力，也经常要为孩子真正学到本领伤脑筋。”她无奈地说。

不断高升的房价，使房子也成为大多数白领女性生活的最大的压力。看似光鲜的白领，其实背后也有一把辛酸泪。

在某网站上班的董女士经常这样感叹。董女士老家在湖北，如今已出来独自打拼4年，她掰着指头细数了自己和周围白领同事共同面临的苦恼：工作压力大、生活成本高、大龄剩女、买不起房，在外打拼这么多年仍没有安定感……

董女士说，她收入还可以，但在一线城市开销大，几乎每月都所剩无几，长期在外漂泊也让她很没安全感。一直不愿啃老的她不想靠父母的帮助买房子。“想买个二手，负担轻一点，但看了一年多，预算有限，房价却飞涨，手上的钱一直不够付首期。”她说，如今，仍蜗居在租来的房子里，“想接父母亲来住住也没有地方。”

尽管不买房子，日常的开支对于白领女性来说，也是一笔不小的负担，她们常常自嘲，稍不注意就成了“月光族”，其中房租、饮食占据了她们收入的绝大部分。

刚刚大学毕业的何女士，进入了一家全球排名前十的投资银行，收入不菲。但是她的工作状态令常人难以忍受——每天晚上加班到12时，周末工作也是常态，属于典型的“五加二、白加黑”员工。

为了“保岗、升职”，越来越多的女白领选择隐婚，甚至不敢怀孕。

某IT公司的创意总监刘女士，去年结婚时没敢通知同事。她说：“很多单位主管偏爱未婚的女职员，觉得女人一旦结婚就丧失了竞争力，就不再给她们升迁的机会。”

刘女士表示，结婚还只是第一道门槛，今后生育孩子是更难的抉择。“身边都是虎视眈眈的眼神，一旦空出职位，就意味着丢掉工作。”刘女士无奈地说。

女性白领采取隐婚、不孕这种畸形手段来保护自己，虽然短时间内能够获得部分利益，但时刻处于提防、焦虑状态，既不利于长期工作，也有害于家庭关系。

据有关调查显示，通过压力状况自测，超过6成职场女白领承受着较大压力，怀疑自己有轻微抑郁症状。此外，72.5%的职场女白领表示工作压力已经影响到了生活的方方面面。

心灵驿站

女白领工作稳定性差、竞争激烈、假期少、人情冷漠等等也是造成压力的原因。她们虽然外表光鲜，但安全感与幸福感指数都很低。一个稳定的社会，需要大量的中产阶层，而女白领理应成为中产阶层的主力，但目前，社会对于女白领阶层的生存困境乏人问津。让女白领成为背负沉重压力"舞蹈"的丽人。

性格也在"压力"锅里

现代社会，紧张的节奏让职场人不得喘息，而身负重压的女白领更是深陷漩涡不能自拔。也许你没有注意，你的身边早已是"杀"机四伏。但切莫慌张，见招拆招，保你心理健康。此为白领工作的最大特点。对白领而言，一天工作8小时无异于痴人说梦，挑灯夜战、加班加点早已成为他们的必修功课。

各行各业都不乏顶尖人才，想在激烈的竞争中立足，女白领的压力可想而知。流行中的“挑战自我、激发潜能”的企业文化更是让他们不得喘息。由于经常性的超时工作，睡觉已成为女白领生活中最大的奢侈，不少人利用周末时间猛补觉。不过这也让她们失去了参与各种聚会的机会，生活圈愈发狭窄。

因为习惯透过键盘和鼠标与人沟通，许多女白领在真实世界中不善表达，见到帅哥就会口吃、冒冷汗。于是，网络上热情似火，生活中冷漠如冰，摆荡在虚拟与现实世界之间的白领成为潜藏两种极端性格的“两面人”。

在压力的笼罩下，女白领们是会产生一些举止、情绪及性格的反应的，诸如感受威胁、恐惧以及消沉。人在压力之下，一般都会自然地产生压力的抵抗力，如果该抵抗力奏效，则不安与焦急便会减弱；但是，如果该对抗并不足以发生作用，那么，心理上的压力反应便会加剧，而有某些非意识的防御机制产生，这包括了挫折、冷漠、文饰、压抑、否定、幻想、执拗、退化、冲突、升华等短暂性格改变。这些性格的变化随压力的大小、时间的长短而恶化或消失。

我们以挫折为例。挫折，可以是在追求达到某一目标时所遭受到的阻碍，使目标不能达成或延迟达成；也可以指由于达成目标的意念受阻，所产生的不愉快情绪。例如，一个很努力的女白领，在面临加薪升职的情况下，更加勤奋工作，决心以实际行动赢得上下级的认可，但是，在一切即将来临时，却生了一场病，致使她无法再工作下去。因此，加薪升职的目标便受到阻碍，这便是挫折。

使目标不能达成的因素很多，有些是外在的，有些是内在的。外在的阻碍主要指的是环境的因素。例如，某软件公司的部长罗女士，本来规划在新的一年里，让销售业绩增加 20%，但是，受金融风暴的影响，从而使她的目标被破坏了，这便是外在阻碍因素。而内在的阻碍因素则主要指的是本身的条件，即想达成某一目标的人，因本身能力的不足及个人的限制所引起的。例如，某企业的第三代产品，虽然已有了一切优越的外在条件，包括金钱、时间等方面都不受限制，但是由于经商天分所限，总是做出错误的市场判断，这种达不到目标的挫折是来自本身的内在障碍。

虽然挫折能引来不快和失望，但它究竟是阻力还是助力，则全看受挫折者做出何种反映了。有时，这种反应是有建设性和有益的，因为小小的挫折会使人醒觉，使思绪沉淀，并有效地促使当事者对事物重新检讨与衡量，这样，便可能借此避免遭遇更大的挫折，对达成最终目标是有利的。

压力使人的性格发生很大偏移，让你总对别人疑心重重，充满敌意；极易把他人的行为解读为“居心叵测、不怀好意”。研究表明，对别人怀有敌意、处处提防的人内心承受的压力不可测定，具他来讲，其表现形式有以下几种：

自暴自弃。如果你的生活没有目的，那么你的生命也随之缩短。《身心医学期刊》最近一项研究表明，有强烈生活目标的老人在未来 5 年内死亡的几率降低了 50%。另一些研究也显示，有目标的人压力激素水平、免疫系统和心脏健康都有较大改善。

烦躁紧张。神经经常处于高度紧张状态、不停地担心并且意志消沉的人，要比同龄人过早地离开人世。一项针对 1800 名男性长达 30 年的调查显示，烦躁不安的人最易通过吸烟安抚心态，但是这样短暂的缓解和香烟造成的长期危害相比，并不值得。

意志薄弱。约会迟到，制订的计划无法按时完成，这些貌似无害的习惯也会损害健康。20 多项研究均证实，自律性、组织性强的人要比意志薄弱的人多活 2~4 年。研究人员认为，能控制自己的人不容易染上抽烟、酗酒的恶习，所以他们寿命更长。

焦虑不安。焦虑好比给大脑戴上了一个“紧箍咒”。一遇到担心的事情就会发作。研究表明，举止成熟大方、性格开朗的人相对于焦虑者患痴呆的几率大大降低。

忧郁羞怯。忧郁、害羞的人不但在社交方面处于劣势，而且身体素质也大打折扣。研究表明，这种性格的人易患外周动脉疾病，早亡的几率更大。因为他们更容易受负面情绪影响，而忽略快乐的感受。

压力重重。长期的压力会增加患心脏病、高血压、流感和代谢综合征的几率。另外工作升迁并不见得是好事，因为你的精神压力随之升高，而看病时间却越来越少。

心灵驿站

现代社会，紧张的节奏让职场人不得喘息，而身负重压的女白领更是深陷漩涡不能自拔。也许你没有注意，你的身边早已是“杀”机四伏。但切莫慌张，见招拆招，保你心理健康。此为白领工作的最大特点。对白领而言，一天工作八小时无异于痴人说梦，挑灯夜战、加班加点早已成为他们的必修功课。

“压”出的毛病

国外专家研究表明，长期处于紧张状态会对人体健康产生致命的影响。在一个讲究高效率的现代社会里，人们实际上不仅要在工作中承受这种高效率所带来的巨大压力，同时还要承受一个高度发达的社会环境，给人们的生活所带来的压力。

在压力日益增大的环境中，许多人已不知不觉地成了工作和生活压力的奴隶，而且，他们长期处于紧张状态的身体，也开始不断发出不和谐的抱怨。最近发表的一项科学研究报告表明，长期处于紧张状态可以对人体健康产生致命的影响。

据有关部门首次对年龄在21~35岁之间，收入在3000元上下的女白领健康调查，结果发现选择工作压力对健康造成影响的占80%。

其中，68.17%的白领女性认为工作压力对身体健康已经产生负面影响，12.61%的人认为高强度快节奏的工作是造成目前身体精神萎靡不振的“罪魁祸首”。仅有3.9%的人觉得从工作中感到身心愉悦和精力充沛，对生活更有动力。

对此，某市高级心理咨询师雷宇认为，社会进入快速车道后，白领女性在职场和男性在同样的环境中竞争，但是女性的社会角色和地位，决定了女性在职场上属于弱势群体。她们比男性要付出双倍的努力，才能保证事业的发展，同时还要兼顾家庭的和谐。

繁重的家务劳动和工作的竞争压力，令她们很容易感到焦虑不安、紧张易怒，男女之间的不公平地位，也容易导致女性心态的失衡。

据调查，女白领面临的最主要疾病侵袭是：

内分泌紊乱者多

17.21%的女白领出现月经不调，以及18.01%出现皮肤衰老的典型内分泌失调症状；且43.86%的表现为烦躁胸闷，20.92%的表现为失眠头疼。

引起内分泌失调的原因有生理因素、心理因素和环境因素。一些身居要职的职业女性，因卵巢早衰而出现更年期提前的情况，身在职场之中的女性，始终处于快节奏的工作状态下，内分泌发生紊乱就在情理之中。

妇科炎症发病率高

66.50%的女白领受到过妇科炎症的困扰，妇科炎症是困扰女白领最大的妇科疾病。其他依次是乳腺疾病、宫颈疾病、意外怀孕、妇科肿瘤、不孕症等。

妇科炎症等生殖道感染疾病是女性常见病和多发病，从婴幼儿时期到更年期后的老年期，均可发生炎性感染，妇科炎症高发于女白领是不能忽视的事实，女性生殖道感染是影响女性生殖道健康的常见妇科疾病之一，如不及时诊断和正确有效治疗，可引起阴道炎、宫颈炎、盆腔炎、不孕症等并发症，并增加宫颈癌等恶性疾病的风险。

大多知晓"两癌"，但约一半人从不体检

女白领对乳腺癌、宫颈癌有一定的了解，调查中69.28%的女性知道乳腺疾病的三大症状、59.99%的女白领知道宫颈癌的危害。

乳腺癌、宫颈癌是全世界范围内，特别是发展中国家女性死亡的主要原因之一，它们具有高发病率、高死亡率，近年来还有年轻化的趋势。

对于女白领来说，生活方式更为现代化，社交应酬更多，处于快节奏、高压力的生存环境之下。因两癌与生活方式、不良嗜好、内分泌失调等因素有很大关系，所以女白领更应该关注宫颈癌和乳腺癌。

65.40%女白领不能坚持锻炼

"流水不腐，户枢不蠹"的道理相信所有的女白领都知道，但高达65.40%的女白领不能坚持体育锻炼。这与女白领的休息时间比较宝贵，而且不喜欢高强度的运动项目有关。

一项最新科学研究结果表明，当一个人由于工作和生活压力所迫，长期处于紧张状态时，其体内有一种叫做IL-6的免疫蛋白的浓度会超过正常值。存在于血液中的IL-6免疫蛋白是一种能够引发炎症的物质。

研究证明，这种免疫蛋白与一些人易患的疾病，如心脏病、糖尿病、骨质疏松症、虚弱和某些癌症有关。紧张状态对其健康所产生的损害极大。此外，研究人员还发现，那些工作或生活在紧张环境中的人，容易做出一些会使IL-6浓度升高的事情，那些身处紧张环境中，但尚未出现严重疾病的人，千万不要以为自己的"抗压能力"很好，因为，紧张对人体健康的影响有个累积的过程。

在这项长达6年的跟踪研究里，科学家发现，让人紧张的不仅是工作。

那些上有老，下有小，且自己年龄正在全力打拼的人，不但要注意工作中的压力，同时应注意缓解生活环境的压力对自己身体所产生的影响，因为IL-6的持高不下，会诱发许多疾病。

专家建议，白领女性要主动学会排解工作压力，例如寻求朋友、家人的支持，主动向闺密、枕边人倾诉自己的苦恼，积极沟通来获得理解。或者通过运动、逛街等休闲等方式，转移自己对工作的注意力，给压力找到出口。当出现睡眠障碍、情绪障碍等严重问题时，不要回避心理压力和疾病，主动寻求心理医生的帮助，化解职场压力。

心灵驿站

人生有压力是不可避免的，谁还没有个繁难事儿呢？既然明白了这一点，就要学会自我"减压"，举重若轻，化解紧张。

别被压力的绳索绑住工作激情

常听许多女白领抱怨自己的工作："我以前很喜欢这份工作，可是现在，唉，越做越没劲！""我现在是有工作，但没事业，混口饭而已，不愿认真，也没必要认真。……这次任务又没完成，最近屡战屡败，是不是我的工作能力下降了？"

日益激烈的竞争和超负荷的工作量，使职场变成了"战场"。不少人刚参加工作时踌躇满志的冲劲、豪情,渐渐消失殆尽。这种在职场上表现出的身心透支的现象是一种慢性职业病,心理学家称之为职业枯竭症。

女白领的体力消耗相对较少,而饮食又往往没有规律,加之工作中不得不勉强为之的应酬,扰乱了正常的代谢,使得脂肪肝、痛风等疾病成为高发病。同时,工作压力太大、人际关系处理不当等原因,造成不少人表现出抑郁、焦虑的倾向,严重的会患有抑郁症、焦虑症等。

即使不受这些疾病的困扰,进入职场5~10年以后,衰老的步伐之快是任何人都无法阻挡的,你再也没有刚开始工作时的精力和热情了。通宵加班,长期出差,这些曾经被你认为是小菜一碟的事,现在常常感到力不从心。

比身体衰老更明显的是另一种“衰老”:知识和技术的“衰老”。随着知识、技能的折旧越来越快,不经常通过培训进行更新,适应性自然越来越差。

心理专家认为,女白领总是与“坚强”勇敢”等刚性的词汇联系在一起,其实,她们也有十分脆弱的一面,尤其是在职场上打拼的女士们,有许多郁闷与惶恐。职业女士的四大心理恐慌:对丧失职业前程的恐慌;被社会或家庭边缘化的郁闷,对失去健康的恐惧;对子女前途的焦虑等。

席西在一电器销售公司做财务,这工作她已经做了5年,但近几个月精力不集中,导致财务报表经常出错。

她说,近一年来精力下降明显,由于财务工作经常加班,做各类报表都要求精准,注意力高度集中后会头昏脑涨,有人叫自己名字也感觉不到。突然又回过神来,却又忘记之前的工作做到哪了,这种“短路”现象导致了工作经常出错。

医生告诉她,这是患了神经症,这种病症近年来常见于白领人群,也被形象地称为“白领健忘症”。“白领健忘症”是神经衰弱引发的疾病,这种健忘不是记忆功能的损伤,而是神经过度疲劳出现的短暂记忆障碍。”医生表示,该病症主要表现为大白天容易头昏,夜间睡眠不好,失眠、多梦、易醒等,心理上还易出现烦躁,记忆力下降,甚至还有抑郁倾向。

现在的女白领都喜欢窝在空调制造的“温室”里,空调间里通风不畅,空气含氧量降低,空气相对浑浊,在这样的空间里待久了,人容易昏昏欲睡。在注意力下降的时候,记性也就随之减退了。

还有一个原因，是白领们过度依赖数码产品，大脑缺乏锻炼，再加上喝酒和抽烟对神经的伤害，使记忆力和计算能力大幅下降。

24岁的王女士已经工作6年了，但由于厌倦处理工作中的人际关系，去年底她选择了辞职。如今，已经在家休息了快一年的王女士谈起找工作，仍然觉得苦恼。

“我不是找不到工作，也不是不想工作，只是觉得工作起来处理人际关系实在很烦人，所以现在宁愿在家里待着。”解释“赋闲”在家的原因时，王女士这样说，自己的性格并不内向，相反是属于开朗的那种，但几年工作下来却逐渐对人际关系产生了一种莫名的厌烦和恐惧，“一旦上了班，各种问题会接踵而来，同事之间会有矛盾，和上司之间会有分歧，处理起来实在是头疼。”

由于觉得人与人之间的关系复杂，工作中的王女士很少与同事沟通，“有时候产生误会我也懒得解释，觉得没什么好说的。”而正是这种懒得和人接触的态度，使得她在单位里很少能与同事“打成一片”。也正因此，在工作的五六年时间里，王女士先后换了几家公司，“有的公司待遇其实很好，但我就是不喜欢周围的人和事，和他们的关系也不好，而且，做一段之后就感觉特别累，所以最后就不做了。”

现在，赋闲在家的王女士每天做的事情就是上上网、看看英文、做做家务，“这种感觉挺好的，不用去迁就别人，别人也不会来打扰你。”王女士表示，她也知道自己在处理人际关系方面存在问题，但却就是没办法改变，“从内心里就讨厌处理人际关系。”王女士说，“目前自己已在考虑再出来工作，但在工作单位上挑选还是非常慎重，薪金多少无所谓，只要人际关系简单、工作起来开心就行。”

心灵驿站

不少女白领长期处于疲劳状态，生活节奏过快，工作压力太大，加上竞争日益激烈，所以，无暇顾及人与人之间的交流，久而久之，便形成人际关系淡漠。

欲望的压力让人累

我们每个人都渴望成功,人人都在不断地寻找失败的原因,寻找成功的方法,探索成功之路,来实现自己成功的梦想。但是,要知道成功也是种压力。许多人成功后,害怕失败,一种危机感终日伴随左右,做任何事情,都要步步为营,防患于未然,故而活得非常累。你经常会听到这样的慨叹:活着真累!

老子说:“持而盈之,不如其已;揣而锐之,不可长保。金玉满堂,莫之能守;富贵而骄,自谴其咎。功遂身退,天之道也!”

意思是说:盛在任何器皿里的水,太满了就要溢出来。刀锥能用就行了,如果磨得太锐利,锋芒太露,就很容易折断。一个人金银财宝太多了,会遭到别人的觊觎,也会因此生活糜烂,最后反而不能保有这些财宝。所以,人在成功之后,就应急流勇退,这才合乎自然之道。

现实生活中,该有多少成功者因锋芒太露而重蹈失败,最终落魄。且记住:人生莫贪念,贪图得越多,失败得也就越惨烈。

伟大的作家托尔斯泰曾讲过这样一个故事:有一个人想得到一块土地,地主就对他说:“清早,你从这里往外跑,跑一段就插个旗杆,只要你在太阳落山前赶回来,插上旗杆的地方都归你。”那人就不要命地跑,太阳偏西了还不知足。太阳落山前,他跑回来了,但人已精疲力竭,摔个跟头就再没有起来。于是,有人挖了个坑,就地埋了他。

牧师在给这个人做祷告的时候说:“一个人要多少土地呢?就这么大。”人生的许多沮丧,都是因为你得不到想要的东西。贪婪,是人性的恶习,贪得无厌者，终毁其己。贪往往给人造成精神上无止无休的压力，最终导致了无谓的伤害，损人不利己。

物欲太盛，造成的灵魂变态就是永不知足，没有家产想家产，有了家产想当官，当了小官想大官，当了大官想成仙……精神上永无宁静，永无快乐，无时无刻不被欲望所困扰。因此，我们要在这无限度的欲望中保持一份清醒，在茫茫人海中找到自己的位置。

所以说，做人最重要的是有一个根本的原则，在长辈哪儿是关怀。在朋友哪儿是友谊，在丈夫、男友哪儿是信任。有了这些根本原则，无论你在外面怎么折腾，多么风光，都能找到人与你真心分享；反之，即使你跌个头破血流，一无所有，世界上还有个肯为你分担苦难的人。而一味地永不知足下去，最终的结果也只能是因贪得无厌而自我毁灭。正如托尔斯泰所说："欲望越小，人生就越幸福。"古往今来，被难填的欲壑所葬送的贪婪者，多得不计其数。

著名成功学大师卡耐基曾这样说过：要是我们得不到我们希望的东西，最好不要让忧虑和悔恨来苦恼我们的生活。要知道，即使我们拥有整个世界，我们也只需一日三餐，只睡一张床。人要学会知足。

我们快乐是因为帮助别人得到快乐，努力做自己喜欢的工作，不嫉妒和怨恨别人，爱人类之所有，并且尊重他们，不求任何人施予恩惠，只求生活所需。知足，才能常乐，才能免除恐惧与焦虑。只有这样，才能把自己从贪婪的精神桎梏中解救出来。

心灵驿站

知足，是思悟后的清醒。它不但是超越世俗的大智大勇，也是放眼未来的豁达襟怀。谁能做到这一点，谁就会活得轻松，过得自在，遇事想得开、放得下。

不要背着压力过年

年关将至，不少女白领在总结一年工作生活时顿觉心理负担加重，升职无望、人情债沉重，种种压力下不少上班族表示自己患上了“年关心理恐慌症”，心理专家指出，年底压力加大在所难免，保持一颗平常心在此时显得尤为重要。

临近春节，有一些人出现平常所没有的心理反应，他们因为春节的临近而害怕、焦虑，有的甚至厌恶过年，恨时间不能倒退或者跳过春节。在春节期间，也有不少人会出现身心疲惫、心情烦躁，兴趣减退以至抑郁的状况。这些都是“年关恐惧症”的常见表现。症状较轻者身心俱累，整个春节过得索然无味，症状较重者则严重影响身心健康以及家人的生活。

年终岁末正是女白领们盘点工作、生活的重要关口：有人还在为业绩冲刺，担心完不成任务饭碗不保；有人担心年终考核可能遭遇不公平待遇，年终奖金吃亏；还有的人“另一半”没着落，害怕回家被亲戚朋友问起等等这些压力平时就有，到了年关更加凸显，导致负面情绪汇集，心理失衡。逐渐形成“年关恐惧症”。

在北京某网络公司上班的朱女士最近总是莫名其妙地烦躁，甚至夜不能寐：一边在网上搜索“炮制”年终总结，一边担心年终奖金比去年少，感觉领导的每一句话都在暗示着她年终的“收成”。觉得压力倍增，心情沮丧，心事重重。

适度担忧可以转化成为动力，但如果破坏了正常生活，就可能导致恐惧症。年终将至，女白领极容易受到“年关恐惧症”的困扰。每一个在职场上打拼的人多多少少都会有一些“年关恐惧症”的症状，只是不同层次人表现出来的症状不太一样，这个症状多发生在抵抗风险能力低的职场弱势群体身上，其中职业女性是“年关恐惧症”的高发人群。

不同人群的“年关恐惧症”表现出来的症状是不一样的，这与他们的身份和职场位置有关。一般职业女性，会表现得易怒、敏感、难于相处，甚至对别人会很刻薄、很挑剔，就像上面所说的朱女士一样，这是她们职场上自我保护、锁定个人利益的表现。

部分女白领由于自身对社会和职场的规则过于担忧，往往在个人发展方面考虑得更多，所以，年底绩效考核的时候，他们都希望能够做得更好，改变现状。

但是主动权却又在别人的手中，这是件很无奈的事情。这个时候她们的行为就会与平时不太一样，有的人表现得非常积极，急于在领导同事面前表现自己，争功争宠，自己的成就一定要让领导知道；而有的人则表现得非常消极，工作热情大减，对公司的事情失去热情，不关心也不愿意参与。并且她们对自己的认同感也会降低，同时还伴有焦虑情绪和对未来的恐慌情绪，或者是心里所有的情绪都不表现出来，压抑自己。

有的因对自己的生活状态不满，每到春节就发现又虚度一年光阴而产生强烈挫败感难以自拔，形成心理恐慌。恰遇全球性的经济危机，不少企业效益下降，公司减薪裁员，大的不利环境在人们心头似乎笼罩了一层浓雾。老板担心自己的公司未来，员工也在考虑自己的出路。不管是老板还是管理人员、公司员工都会思考明年的日子该如何去过，怎样想办法渡过难关。

此外，由于社会还没能做到令人满意的男女平等，一般职业女性在职场打拼，容易表现得易怒、敏感、难于相处，甚至对别人会很刻薄、很挑剔，这种情况在年底会也会显得更加明显。

虽然“年关恐惧症”还没有成为困扰年轻女性职场的普遍症状，并且多数人的表现也不是十分明显，但“年终恐惧症”逐渐会成为困扰职场女白领的普遍现象。因为造成这种症状的因素一直存在，并且愈演愈烈。所以，对于已经出现症状的人来说需要调节，而对于更多的人来说则需要预防。从调节上讲，一是需要选择适合自己的方式疏导不良情绪，比较健康的方法是运动、旅游、倾诉、哭泣等。二是要保持良好的心态。三是有了烦恼，可以选择一位有经验的心理医生咨询一段时间，不要盲目去找朋友诉苦。

某外国独资企业的策划师胡女士说，一想到过年她就头疼，有时候甚至整夜失眠。她说，从去年12月一开始，她就收到了好几场朋友、同学聚会的邀请。同时随着春节的临近，单位的各个部门、工作上有联系的各个单位、生意场上认识的朋友也开始互相问候，增进感情。胡女士说，“参加各种各样的聚会，大家免不了要把一年的成绩拿出来晒。哪个单位奖金多啦，哪个单位福利好啦，同学里谁又升迁啦，想起来就让人头疼。”

心理咨询师表示，年终聚会上互相攀比，很容易让女白领们产生自卑和失落感。对此，大家首先要调整好自己的心态，盲目攀比只会给自己增加压力。另外，女白领们还应对一些“人情债”量力而行，不要因为好面子而增加不必要的负担。同时，还可以利用假期放松一下，让心理压力得到释放。

心灵驿站

对于大多数女白领而言，“年关恐惧症”只是一种暂时的现象，有的只是一时的不适，并不会严重到明显影响生活的程度，春节之后随着环境的改变自然消失。

第二章

好心态迎接职场压力的挑战

著名心理学家罗伯尔说:“压力如同一把刀,它可以为我们所用,也可以把我们割伤。那要看你握住的是刀刃还是刀柄。”

压力其实没什么

压力看不到摸不着,却会经常影响我们的身心健康。因而我们首要的任务是正确认知压力,认识到压力的本质是什么?认识到压力的必然性与必要性。尤其是不仅要认识到它的消极面,还要认识到它的积极面。著名心理学家罗伯尔说得好:“压力如同一把刀,它可以为我们所用,也可以把我们割伤。那要看你握住的是刀刃还是刀柄。”

我们正处于一个激烈竞争的现代社会,这是一个适者生存的世界。应该积极地去解决问题,认识环境、适应环境,同时合理的评估自己、接受自己。让自己站在合适的高度,积极地寻找压力的突破口,变压力为动力。

生活中存在不同类型的压力:急性压力和长期性压力。急性压力是因诸如举办婚礼、安排会议或在高速路上车胎爆裂这样的突发事件所致。但这样的压力总是有终结的,一旦事情结束,压力也随之终止。急性压力有以下诸多症状:恼火、易怒、焦急、抑郁、紧张性头疼或偏头疼、背部疼痛、下颚疼痛、肌肉紧张、消化问题、心血管问题及眩晕。

有时,我们倾向于把急性压力称作“有效压力”,因为。随着急性压力.好事也就紧随而至,哪怕在短期内我们会感觉比较糟糕。这类压力让我们能发挥自己的最大能力,在规定的限期内完成任务,也能鼓励我们发挥潜能,对摆在我们面前的问题找出富于创意的解决方式。有效压力的事例包括雄心勃勃的项目;积极的生活事件(搬迁、更换职业或终止不健康的关系);积极面对恐惧、疾病或让我们感觉糟糕的人(这也是短期糟糕长期有效的情况)。

实际上，一旦压力性事件引发了我们情感、智力或心灵的成长，那这样的压力就是有效压力。与其说是压力本身，还不如说是你对压力的反应，决定了该压力的有效性或无效性。由于我们看到自己从前未曾发现的品质——比如，可以由悲伤恢复到正常心情的能力，所以，亲人的去世有时也能促使我们的个人成长。因此，即使我们会哀伤一阵，死亡事件有时也能产生有效压力。

事实上，就生活层面来说，压力的发生并不一定都是很重、很痛苦的事件，亲人生病、搬走或死亡，天灾地变，车祸受伤，考试失败等固然都是压力，但是诸如结婚、庆祝小宝宝的到来、恋爱、度假等令人愉快的事件，以及约会遇到塞车、考试碰巧钢笔没水、失眠却听到隔床室友在打鼾等小小的困扰，也同样会造成压力。

简而言之，任何生活上的变动，大至超越了个人能力所能处理的事情，小至扰乱了个人平衡状态的小事件，都会是“压力”的来源。这些可以预测以及不可预测的刺激事件，也都会给我们带来或大或小的“压力”。

此外、人总是有点惰性的，在很多的时候，我们需要一种力量来推动我们。如果凡是会让我们产生压力的事我们都回避去做，我们从何处得到自己能力和潜质的证明呢？如果不是自然界的灾害和艰难，人类的智慧不会发展到今天这种网络、纳米技术以及航天的时代。正是生存的压力让人在改变自然的同时也在改变自身。

当然，如果压力过大，那它对人会产生毁灭性的破坏。多少人因为承受不住某些压力，他们要么对他人造成伤害，要么自毁自己。压力其实是一把双刃剑，关键是我们如何利用它。在有适度压力的情况下可能会出现最好的工作状态，实际上每个人都需要把自己的压力调到一个适度的状况，这样的工作会比较有成效。

人是在压力下成长的。人在任何时候，都有一定的内在压力，只不过轻重程度不同而已。事实证明，拥有一定的压力并不是坏事，适度的压力是推人上进的有效内驱力。面对适度的压力，人们在内心会产生一定的承受力，若能正确认识，积极应对，这种压力将及时转化为一种内在驱动力，在工作中爆发出一种股强有力的前进力，从而推进自身奋发向上。

要树立正确的生活观念，自觉地激励自己，把压力变为动力

时刻想着别人在付出，我也必须付出，天上不会掉下美味的馅饼；时刻想着别人能够做到的事情我也要做到，也一定能够做到。

心灵驿站

只有积极努力，才有可能争取达到你的努力目标。总之，要实事求是地确定努力目标。定了目标并不等于可以实现目标，目标的实现必须付出努力，要想获得成功就必须马上行动，并且要有始有终，坚持下去，这样才能增强自身实力。

期望值不要定得太高

期望是指向未来的一种倾向，合理的期望会成为行动者的行为动力，对自己付出努力能够达到什么样的成绩，提出的一种预期。但过低或过高的期望都是不合理的，过低的期望往往不能提起一个人的兴趣，轻而易举就能得到的东西容易被忽视。而过高的期望则会增加行动者的压力，增强挫败感。若预期的目标达到了，就能使人的信心得以巩固和增强，并使自己的心理技能处于良好的竞技状态，同时，也为下一次努力奋斗奠下坚实的基础。反之，这样的人就极易对自己的自尊和自信心产生消极的影响。很多人在进入一个“人才济济”、“人外有人”的新环境中后，之所以处处碰

壁，最大的原因就在于他们没有确立好自己的预期目标，给出自己一个合适的期望值。因此，在一个新的环境下，更需要重新衡量自己的实力，给自己重新定位。

跳一跳，够得着的地方就是你要实现的最近目标，学会为自己订个合理的目标，是每个人都应认真对待的问题。学会量力而行，学会客观评价自己的能力，并在不断的前进中增强自信，达到最终目标。

有一个关于期望的看似很难回答的问题：我们能不能吃掉一头大象？而实现这样的一个期望，表面上看来的确有很大的难度。这里可以告诉你吃掉一头大象的方法就是"一口一口地去吃"。同样的，把一个大的目标分解成一个个小的目标，然后，从第一个目标开始做！这个世界上没有任何捷径能够一步登天，只有脚踏实地，才能走得稳，走得远。对自己有一个切合实际的期望，就如同为自己量身定做一个切合实际发展的目标一样，山田本一的例子便正好说明了这一点。

其实，要达到目标，就像上楼一样，不用楼梯，一楼到十楼是绝对蹦不上去的，相反，蹦得越高就摔得越狠。必须是一步一个台阶地走上去。

就像山田本一一样，将大目标分解为多个易于达到的一个个的小目标，一步步脚踏实地，每前进一步，达到一个小目标，使他体验了"成功的感觉"，而这种"感觉"强化了他的自信心，并将推动他发挥稳步发展潜能，以达到下一个目标。

大成功是由小目标所累积的，每一个成功的人都是在达成无数的小目标之后，才实现了他们伟大的梦想。因此，在你向自己的远大目标迈进的过程中，不妨像山田本一那样，把它分解成一个个的小目标，然后逐个地去实现它们。在自己合理的期望下，自身的压力指数无形间便下降了。

此外、很多时候，我们会发问：你为朋友伸出援助之手了吗？这样的发问，暗示着每个人内心对友谊的渴求，对帮助的期待。

但是，正如罗素所言，不要对别人期望过高，不应该期望任何人为了另一个人的生活而改变自己的生活主流。

同在一个办公室里工作，同事之间难免出现一些矛盾和摩擦，当这些情况出现以后，也在某种程度上使彼此的工作受到影响，那么究竟该怎样化解和避免来自这方面的心理压力呢？答案只有一个，就是不要对你的同事期望过高。

的确，我们都有一种自然依赖心理，借此减轻自身的重负，所以，大家都需要朋友，需要亲人，需要他们的爱来帮助自己克服困难，度过人生的艰辛时刻。这些外在的支撑固然重要，但人更多的时候还是需要自己支撑自己，自己给自己鼓励，给自己信念，正如我们跌倒的时候，要想站起来，靠的主要还是自己的力量。

心理专家认为，期望值是指人们希望自己所做或所想的事情达到成功的一种比值。不管在生活中，还是在工作中，每个人都希望事事顺心如意，可现实又往往不尽如人意，只落得个蹉跎岁月的哀叹。实际上，同事之间也是如此，对他的期望越高，失望就会越大，非但没有得到任何好处，反而增加了压力。同事不同于朋友，他们永远也做不到朋友那样对你关怀备至，如果对其期望值过高，到头来还是自己受伤害。

心灵驿站

一个心理健康的人应该能够对自己的能力做出客观的评价，把奋斗的目标确定在自己通过努力可以达到的范围内，并依次付诸实践活动中。

头发长见识不短

汉朝董仲舒首度提出——“唯小人与女人难养也”，用我们现在的话来说就是性别歧视了。

职场女性的成功概率其实和男性相差无几，但成功的女性总是比男性少。女人之所以难以摘取成功的果实.除了受到职场性别歧视这张“玻璃天花板”的限制，更多则源于她们心里的一个声音——“我是女人”。我是女人，所以我的销售不能拿第一；我是女人，所以我不能担当高层领导；我是女人，所以我不能安心离家去拓展新事业；我是女人。所以我不能成为杰出企业家……性别成了她们偷懒的借口，不努力的挡箭牌。

其实，如果女人能将眼光和精力放在性别之外，人生会是另外一种区光，自己也会有更多意外的惊喜和发现。成功的女王们从不在性别上下工夫，她们只是将精力用在“事”上，不会用性别来自我内耗。

也许男、女所承受的压力的确受到了生理差别的影响，而相同的环境刺激，对女生构成压力，对男性却没有造成困扰；但是，除此之外，我们也发觉许多以前未曾注意过的社会因素。

女权主义主张摆脱传统父权势力对女性的压制，要求女性在被平等对待的基础上，与男性共同完成社会的建造。我们固然在其中看到了传统封建社会中，女性被奴化、被物化、被贬低地位、被限制个人发展的不公平遭遇，不过，由另一个角度来看，我们也同样看到了父权社会中的男性是如何被要求成为一个强者、成为一个喂食者、成为一个有能力者甚至成为一个不败的英雄。这些无论对女性还是男性，都是一种社会性的压力。一种长久存在的刻板印象，要求其中的女性，必须依照原来的社会规定的女性模式去做。久而久之,我们的社会便定型了、僵化了。当女性不愿照着母亲的模式,做一个只能顺从男性的意见、不能有自己主张的傀儡时,她会遭到来自社会不友善的眼神,认为她没有"妇德";同理,当一个男性不愿照着父亲的模式,做一个必须时时保持不败的决策者时,他也会遭到来自社会鄙夷的眼神,认为他不像个"男子汉"。在社会的刻板印象中,男女各有其规范、各有其限制,这是痛苦的,"压力"也随之产生。

故而,"压力"除了来自个人主观的认定,也来自社会主观的指定。社会的既有观念,认定女性必须以家庭为重,必要时放弃工作;必须举止端庄温柔,活泼好动就被认为没有家教;必须在工作中隐藏锋芒,免得被误为以"特殊关系"高升。所以,当女性因为工作不得不请丈夫帮忙承担家务时,她可能必须背负"不是好妻子、不是好母亲"的罪名。同样,社会的既有观念,也认定男性必须有一个好工作来养家糊口,必须男儿有泪不轻弹。

在工作中,男女所承受的压力情况大多是:

(1)女性与男性同工却不同酬。

(2)能力强的女性无法合理争取相同的地位,而部分获得高职位的"女强人"却被描述成性格怪异的"特种人类"。

(3)未婚女性容易被卷入办公室恋情中,在同事间备受压力。

(4)已婚女性要兼顾工作与家庭的平衡,甚至某些企业对女性设有"单身条款"的条件要求,迫使部分女性不得不放弃家庭生活。

(5)男性多背负家中经济的主要开支,收入多寡是主要压力。

(6)男性倾向在工作中获得成就感,而因职业地位的稳固与否、工作效率优劣与否、与上司关系良好与否等问题加重了其工作负担。

(7)太太的薪水比自己高,有损"大丈夫"的颜面。

(8)男性必须经常超时工作,妻小抱怨,上司却仍嫌不足,从而有"一支蜡烛两头烧"的窘况。

对男、女的性别角色,社会早有明确的蓝图,如果个人违背了,便会立即面对来自社会的质疑,外在的压力随之成形;然而,一旦放弃个人的意愿,顺从了社会的普遍观念,内在的压力也无可避免地困扰着个人。

每一个职业女性都要牢记,老老实实做女人,就是老老实实做人。多在“人”字上下工夫,少在“女”字上打主意。你可以利用性别优势获得一时的好处,但难保你一世。如果想保有一生的饭票,还是踏踏实实学些真本事,在职场上和男人公开过招。而非背地呈“暗箱”操作。虽然“暗箱”也能获得利润,甚至是高额利润,但你得付出维护高额利润的成本,以及对未来前景的担忧。何况你的成本——女人的青春和美貌,会随着年龄增长而呈向下递减趋势,这是上帝也阻挡不了的,何况我们凡人。

心灵驿站

生命因创造而美丽,因绽放而有价值。忘记性别。相信自己是有价值的,你的人生会是另一番风景。

竞争不是坏事

达尔文的进化论得出了“物竞天择,适者生存”的重要结论,人类社会要生存和发展,就要优于自己的竞争对手,这是个很简单的道理。现代社会是一个高度竞争的社会,竞争在社会各个领域中是一种十分普遍的现象。

鲁迅先生说过,在赛场上同情那些虽然落后,却能坚持跑到终点的弱者,在他们身上看到的是一种精神,明知落后却能奋起直追,用坚持的意志去奋搏,即使失败了也不气馁。我想,现代生活中的竞争正需要这种精神。因为现代竞争无所不在,无所不包。国内市场国际化,国际竞争国内化,在蔓延到全球的竞争中,我们任何一个人都成了“过河卒子”。只能拼命向前了!

怎样认识这场竞争呢?社会竞争与自然的物竞天择有类似之处,这是残酷的一面。同时与过去的平均主义和依靠裙带关系不同,有公平与公开,又有了更广泛的参与者和机遇,这点是进步的、道德的、向上的,使人的惰性消失,使社会原动力掘进。正是这种竞争推动了我国经济社会的全面发展;正是这种竞争,使我们发现了大批新星人才;正是这种竞争使我们的民族性得以改进和升华。因此,我们同情弱者,但更鼓励竞争。

女白领常见的竞争心理误区有以下几种:

嫉妒型竞争心理

嫉妒是在与他人竞争中害怕己不如人而产生的消极心理，因而内心极没有安全感,害怕别人超过自己,所以敏感多疑,甚至走极端。

自卑型竞争心理

希望自己能够取得优秀的成绩,希望自己能在各类竞赛中出类拔萃,而现实中要一直保持杰出却又是非常困难的事情。因而便会觉得自己不够优秀,即使环境对其评价很高,也难于改变其没有自信的感觉,一旦压抑过久,容易形成自卑的竞争心理。

攻击型竞争心理

好强自负,在竞争中一旦失败,往往把过错全推给别人,采取报复处理的方式,甚至对他人造成伤害。

在现代生活中竞争日益激烈,因此,有竞争就会有输赢。然而,生活中可怕的不是竞争,而是不会轻松地面对竞争。

竞争可以克服惰性,促进社会的进步和发展。对于每个人来说,竞争促使人们满怀希望,朝气蓬勃,充分调动生理和体力上的潜能,不断取得精神上和心理上的满足。

但是,竞争也容易使人在长期紧张生活中产生焦虑,表现出神经质、身心疲惫等问题。如果感情脆弱或者情绪压抑,则会引起消沉、精神变态,甚至出现犯罪乃至自杀等严重问题，这是消极的一面。

要正确面对竞争，正确评价自己。对自己要有一个客观地、恰如其分地的评估，努力缩小"理想我"与"现实我"的差距。在制定目标时，既不好高骛远，又不妄自菲薄，要把长远目标和近期目标有机地统一起来，脚踏实地、一步一个脚印地做起，这有助于理想的最终实现。

在竞争中要能审时度势，扬长避短。一个人的需求、兴趣和才能是多方面的。"一条道走到黑"的思维方式不见得可取。科学的转移能增加竞争中成功的概率，减少挫折感，这在生活中不乏实例。

失败会带来焦虑和沮丧，在挫折面前应该理智，自觉地进行情绪调控，摆脱消极情绪，迅速转移心境，可以用听音乐、打球、跳舞、下棋等活动转移和宣泄心理压力。

首先树立正确的竞争观念和自信意识。正确认识竞争和学习的关系：竞争只是做好工作的手段，不是最终结果。学习是最主要的，竞争是次要的。要勇敢地面对竞争，竞争能够带来机遇和挑战，竞争能够使人居安思危。在竞争同时要自信，自信是成功基石，如果拥有了自信，就不会畏惧对手。在任何时候都要坚定自己的信念，使自己充满信心。

其次，在正确认识自我的基础上，确定恰当目标。工作中真正的对手是自己，要能够超越自己，战胜自己。在工作中，不仅要学会竞争，还要学会合作，平时多和同事交流探讨，不明白的问题积极请教，可以学习别人身上的优点和积极进取的精神，借鉴别人的方法，不仅对工作有利，还能增进同事感情，缓解工作压力。

心灵驿站

竞争给了我们宝贵的经验，无论你多么出色，总会人外有人。所以你需要学会谦虚。努力胜过别人，能使自己更深地认识自己；努力胜过别人，便在生活中加入了竞争"游戏"。不管在哪里，都要参与竞争，而且总要满怀快乐的心情。要明白最终超越别人远没有超越自己更重要。

宽容忍让才能坚强

一个人经历一次隐忍，会获得一次人生的亮丽；经历了一次宽容；会打开一道爱的大门。当你受到无辜伤害或被他人欺侮时，你是以牙还牙呢？还是宽容忍让呢？

忍让和宽容说起来简单，可做起来并不容易，因为任何忍让和宽容都是要付出代价的，甚至是痛苦的代价，人的一生谁都会常常碰到个人的利益受到他人有意无意地侵害。

为了培养和锻炼良好的心理素质，你要勇于接受忍让和宽容的考验，即使感情无法控制时，也要紧闭住自己的嘴巴，管住自己的大脑，忍一忍，就能抵御急躁和鲁莽，控制冲动的行为。

对于女白领来说，工作中难免会遇到一些威胁等等，包括失败时受到某些同事的贬低和嘲笑，上司的责备，升职、发薪时遇到的不公正待遇，遇到此类事情会很长时间打不起精神、心情恶劣，甚至怒火冲天，心高气傲的职场新人当然忍受不了，于是气急败坏地找上司理论、对同事大打出手，结果当然是被“欢送”。

怎样才能避免这样悲惨的结局呢？怒火是很难控制得住的，尤其是当别人的错而令自己蒙受不白之冤的时候，我们开始悲叹“人为刀俎，我为鱼肉”，我凭什么要受你们的气？跟你们拼了！于是，肉开始与刀搏斗起来，结果是得罪了“贵人”，失去了机会，留下了很大的遗憾，还有你没有涵养的形象将会铭刻在大家的记忆里。

女人怒气冲冲时会做些什么？把理性消费抛到脑后奔向商场疯狂购

物,把无辜的男朋友当作出气筒朝他乱吼一通,或者在减肥大计快要看到曙光时却开始无节制进食?的确,这种逞一时痛快、失去理智的行为让你觉得怒气得到了释放。不过,发泄之后呢?你很可能要为后半个月捉"金"见肘的日子发愁、担心男朋友受不了你的坏脾气而分手,或者因又一次减肥失败而懊恼不已。造成这些不良后果的原因只有一个:怒气让女人失去了理智。

女人的怒气有时如滚滚波涛,来势汹汹。虽然适当的情绪释放是必要的,但控制不好就会泛滥成灾。这时就需要用修筑堤坝来防止泛滥,这条堤坝就是理智,理智可以使女人爱之有度、乐之有限、怒之有时、哀之有节。女人是需要理智的,要学会"制怒",节制自己的感情。

生活中有许多事当忍则忍,能让则让,忍让和宽容不是懦怯胆小,而是关怀体谅,忍让和宽容是给予,是奉献,是人生的一种智慧,是建立人与人之间良好关系的法宝。一个人经历一次忍让,会获得一次人生的亮丽,经历一次宽容会打开一道爱的大门。

宽容和忍让是制止报复的良方,你经常带上这个"护身符",保你一生平安,因为你是善于宽容和忍让的人,不会被世上不平之事所摆弄,即使受了他人的伤害,也决不冤冤相报,宽容忍让时时提醒自己,邪恶到我为止。

我们经常说人要学会忍让, 其实并不是让你将所有不愉快的事情憋在心里,自己承受,这样不但对健康不利,而且影响生活学习。我们所说的"忍让",是一种处事方法和处事态度,现在的社会如此多元化,各种事情,各种人都有,如果什么事情都据理力争,有时不但得不到自己想要的结果反而浪费太多时间精力,更严重的甚至危及自己的人身利益。

忍让是指在自己所能承受的范围内,巧妙回避比正面应对更有利时,可以选择暂时委曲求全,可以日后再解决或者当时忍下,避免冲突,之后再用其他恰当的方式发泄,这都是很好的办法,既解决问题争端,又不用自己始终承受委屈,何乐而不为?

人生会充满着喜怒哀乐。遇到种种生气的不愉快经历,女人要提醒着自己:怒气会让人愚蠢。要想不生气,就要时时注意心性的修炼,就要事事加强自我修养。其中,理性的思考、平和的心态是平息怒火、变生气为长志气的法宝。

在流动的水面上女人无法映照自己的形象，只有在清流平缓的水面上，才能看清楚自己的容颜。同样，女人需要行动或决策时也要保持平心静气的心态，这样才能抑制自己躁动的心绪，不至于产生让自己后悔莫及的不良后果。

心灵驿站

我们的生活像一条时而平静时而奔涌的河流。平静的生活总会被突如其来的意外打破，这些意外事件大至学业、工作、事业、恋爱婚姻，小至为人处世、日常起居。女人在面对这些不期而遇的事情时，应该做到平心静气，抱以平常心。无论什么事，不可强求，顺其自然就行，不必自寻烦恼。

做个有激情的女白领

激情永远是女人生命中最主要的能量。人们常常认为欲望是人的最大动力，实际上，激情的能量超过了欲望的能量。如果说欲望是生命的动力，那么，激情则可点燃生命的动力。很多人并不缺少欲望，但缺少激情。

没有激情的女人是枯萎的。激情使生命燃烧，能产生出超然的能量。在事业和生活中的女性，一定会让自己的一生充满了激情，也燃烧着激情。对爱情，应该有山呼海啸的大浪漫和惊心动魄的激情；对家人应该释放出一种炽热的亲情；对朋友，要有火一样的热情，始终保有一颗孩子般容易兴奋的心。生活中许多看似平淡的事情,也会让人们产生兴奋点,像孩子一样兴奋和快乐。

有人曾写道:"沉溺生活的人没有死的恐惧"。自以为长命百岁无益于你享受人生。然而,大多数人对此视而不见,假装自己的生命会绵延无绝。唯有心血来潮的那天,我们才会筹划大事业,将我们的目标和梦想寄托在汪洋大海之中。其实,直面死亡未必要等到生命耗尽时的临终一刻。事实上,如果能逼真地想象我们的弥留之际,会物极必反产生一种再生的感觉,这是塑造自我的第一步。

世上最秘而不宣的秘密是,战胜恐惧后迎来的是某种安全有益的东西。哪怕克服的是小小的恐惧,也会增强你对创造自己生活能力的信心。如果一味想避开恐惧,它们会像疯狗一样对我们穷追不舍。此时,最可怕的莫过于双眼一闭假装它们不存在。

现实生活的道路绝非平坦,它总是呈现出一条波浪线,有起也有落,工作也一样。但你可以安排自己的休整点。事先看看你的时间表,框出你放松、调整、恢复元气的时间。即使你现在感觉不错,也要做好调整计划,这才是明智之举。在自己的事业波峰时,要给自己安排休整点。安排出一大段时间让自己隐退一下,即使是离开自己爱的工作也要如此。只有这样,在你重新投入工作时才能更富激情。

问题的解决方案并不是唯一的,困难对于脑力运动者来说,不过是一场场艰辛的比赛。真正的运动者总是盼望比赛。如果把困难看作对自己的诅咒,就很难在生活中找到动力。如果学会了把握困难带来的机遇,你自然会动力陡生。

大多数人通过别人对自己的印象和看法来看自己。获得别人对自己的反映很不错,尤其正面反馈。但是,仅凭别人的一面之词,把自己的个人形象建立在别人身上,就会面临严重束缚自己的危险。因此,只把这些溢美之词当作自己生活中的点缀。人生的棋局该由自己来摆。不要从别人身上找寻自己,应该经常自省并塑造自我。

危机能激发我们竭尽全力。无视这种现象,我们往往会愚蠢地创造一种追求舒适的生活,努力设计各种越来越轻松的生活方式,使自己生活得风平浪静。当然,我们不必坐等危机或悲剧的到来,从内心挑战自我是我们生命力量的源泉。圣女贞德说过:所有战斗的胜负首先在自我的心里见分晓。

有时候我们不做一件事,是因为我们没有把握做好。我们感到自己状态不佳或精力不足时，往往会把必须做的事放在一边，或静等灵感的降临。你可不要这样。如果有些事你知道需要做却又提不起劲,尽管去做,不要怕犯错。给自己一点自嘲式幽默。抱一种打趣的心情来对待自己做不好的事情,一旦做起来了尽管乐在其中。

塑造自我的关键是甘做小事,但必须即刻就做。塑造自我不能一蹴而就,而是一个循序渐进的过程。这儿做一点,那儿改一下,将使你的一天(也就是你的一生)有滋有味。今天是你整个生命的一个小原子,是你一生的缩影。

充满激情的生活使生命力长盛不衰。激情是一种年轻的体征——越年轻的人越有激情。反过来说,是激情让人年轻,保持激情就保持了年轻。人的青春尤如人的器官,也是用进废退,你经常迸发激情,就能保持和升华激情。容易兴奋才是一颗年轻的心。

那些保持着对新鲜事物兴奋和好奇的女人,通常比实际年龄年轻。她们不仅外表看起来比实际年龄年轻许多,而且表现出来的心态也更年轻。她们通常都有相同的特性,就是常常保持着一颗少女般的心——兴奋、激动、爱玩、爱笑、爱感动、顽皮。

激情是青春与活力的同义语,有激情的人生才有活力,有魅力,才有意义,才有滋味。

心灵驿站

大多数人希望自己的生活富有意义但是生活不在未来。我们越是认为自己有充分的时间去做自己想做的事，就越会在这种沉醉中让人生中的绝妙机会悄然流逝。只有重视今天,自我激励的力量才能汩汩不绝。

给时间排排坐

巴尔扎克说:“从个人角度看,一个人拥有最大的财富就是自己的时间。”为了拥有更多的时间,女白领一定要养成合理安排时间的习惯。

我们生活在有限的时间里:黑夜与白昼有规律地交替,哪一方也不会更多地占去另一方的时间。生命则被分为有限的几个阶段:少年、青年、中年和老年。每一个阶段都有只适于这个年龄段的特殊工作,就如同种庄稼,一旦错过了季节,一切劳作都将是白费工夫。

既然时间是有限的,既不可抻长也不能缩短,时间的价值又体现在如何利用上,那么我们就应该珍惜它、很好地利用它。

珍惜时间并不意味着不停地工作,或干脆放弃休息,而是指很好地利用休息和空余的时间,以使我们能更好地工作。

如果我们把一些时间花在有益的游戏、体力活动或体育运动上,那它就会给我们的工作带来益处,就会使我们获得力量,以更大的热情去实现我们的目标。

每天首先着手最重要的工作。一般而言,女白领每天都必须处理许多事务。不少人错误地认为,她们可先处理好最次要的事激励自己,然后才面对最重要的工作。这其实是一种不经济的利用时间的方法。把它拖到最后来干,女白领经过一天的工作,大都已疲惫不堪,很难有足够的精力来考虑它,时间也不会很多,想把它做好很难。女白领这样做的根本原因,是因为内心深处有畏难情绪,回避最重要的工作。作为一名出色的白领,一定要克服这样的心理倾向,首先着手最重要工作,用足够的时间精力来处理它，并把它办好。

每天留些“机动时间”。女白领容易犯这样的错误：用各种活动把一天的时间表排得满满的，以致没有一点“机动时间”处理可能出现的各种突发事件。如果出现意外情况，白领们就不得不放弃计划中的工作，来处理突发事件，而今日未完成的工作，就必须加进明日的工作表中。工作是一场马拉松，而非短跑，如此给自己加压，女白领坚持不了多久。因此，大家应每天留些“机动时间”，即使没有发生突发事件，你也可利用“机动时间”处理一些较次要的问题；或与员工联络一下感情；也可休息一会，考虑一天工作中的得失等。这样，管理者就可紧张而又不失轻松地完成一天的工作，从容地面对明天的挑战。

为了充分地利用时间，就要为自己的生活制订详细的计划。最好每周都制订出具体的计划。

周计划就是你的终生个人比赛计划。它有助于你把长期目标转变成更加容易操作的短期目标。周计划包括书面的每周计划和每日计划列单。这些计划合在一起，使你更好地利用时间，以便完成你的长期目标和终生目标。

周计划有助于你跟踪固定的任务，并随时纳入新的任务。周计划还有助于你认清最为重要的任务，并把它写在你的每日计划列单上。

通过列举固定的必须完成的任务，你便可以制定出一个每周计划。固定的必须完成的任务，包括上班、吃饭、睡眠、工作、家务、往返旅途时间……对于这些活动，你必须安排出合理的时间。比如，随着每日出行时间之不同、路上交通流量之不同、所走路线之不同，每天往返旅途中所用的时间也会有所不同。在交通高峰期从家里到单位所花费的时间，与在下午从单位回家所花费的时间，肯定大有不同。

一些工作，如果能够合并，就尽量合并，这样才能找出更多的大块儿时间。一定要在最后期限到来之前完成所有的任务。这有助于你应对因意外事故而造成的延期和耽搁。

一天的时间如果不好好规划一下，就会白白浪费掉，就会消失得无影无踪，我们就会一无所成。经验表明，成功与失败的最明显界线在于怎样分配时间，怎样安排时间。

当个人有一个完美的计划表，而且正在逐步实施时，就不会产生无谓的压力。因为，一切尽在掌握之中。计划表是一个很好的“监督者”——叮嘱你每一个目标的实现，又是一个软性的压力——只有跳起来才能够得着。当你心里有底时，也就没有了压力。

心灵驿站

时间的价值就像金钱的价值一样，完全体现在如何使用上。只肯花一点点钱以维持生命的守财奴，其实等于是个穷光蛋，他的万贯家财也就形同乌有。同样，舍不得花费时间去获取更多的幸福、去使更多的人幸福的人，也是虚度年华。

沟通——“舒压”的灵丹妙药

沟通是人与人之间、人与群体之间思想与感情的传递和反馈的过程，以求思想达成一致和感情的通畅。

沟通对女白领而言，就如人的血脉，在工作和生活中同等重要。如果沟通不畅，就如血管栓塞，其后果是可想而知的，所以要学会沟通，就要一定懂得其途径，因为它不只是语言，还包括动作、姿态、眼神、表情等等，有时一个眼神，一句我来了，抱一下肩膀，笑一笑，都会有很大的作用，让你工作开心、事业有成。

下行沟通：在工作中，下属要赢得领导的肯定和支持，很重要的一点是要让领导感受到你的坦诚。工作中的事情不要对领导保密或隐埋，要以开放而坦率的态度与领导交往，这样领导才觉得你可以信赖，他才能以一种真心交流的态度与你相处。以理服人不是说服领导的最高原则，如果没有让领导感受到你的坦诚，即使你把一项事情的道理讲得非常明白，实际上一点用也没有，因为人是有强烈感情色彩的动物，生活中情大于理的情况比比皆是，在感情与道理之间，人往往侧重于感情，领导者当然也不例外。来到一个单位后，第一件需要做的事情就是要与人坦诚相待，给人留下坦诚的印象。

如果你没有和对方、同事、上司、下属得到合适的沟通，那么你们的关系就不会很好，工作的开展也就不畅，同事也不会真的服你，也许他会一时尊重你的职务，可后果是他会离开，去找自己的前途。

上行沟通：与领导沟通，主动的态度十分重要。工作不久、阅历较浅的下属，工作热情高，富有开创性，对工作任务能够提出一些设想和建议。但下属往往慑于周围人际环境的压力，主观上不能与领导进行有效沟通。自己的设想和建议得不到领导的了解和采纳，就不能使自己才华得到发挥，

下属只有了解领导的个性心理，才方便沟通。领导者首先是一个人，作为一个人，他有他的性格、爱好，也有他的作风和习惯。对领导有个清楚的了解，不要认为这是为了庸俗地“迎合”领导，而是为了运用心理学规律与领导进行沟通，以便更好地处理上下级关系，做好工作。人性中有一种最深切的秉性，就是被人恭维的渴望。

与领导者交往时要永远记住，领导者都希望下属恭维他、赞扬他。你要找出领导的优点和长处，在适当的时候给领导诚实而真挚的恭维。你可以请领导畅谈他值得骄傲的东西，请他指出你应该努力的方向，你要恭恭敬敬地掏出笔记本，把他谈话的要点记录下来。这样做会引起他的好感，他会觉得你是一个对他真心钦佩、虚心学习的人，是一个有培养前途的人。

与领导沟通成功与否，不仅影响领导对你的观感，甚至影响你的工作和前途。只有对领导怀有仰慕的心情，才能实现有效沟通。

与领导交谈时，要有一个积极乐观的心态，向领导叙述重要事宜，或回答领导提问时，如果做到目不斜视地盯着对方的眼睛，不但会增强语言的说服力，还会给领导留下精力充沛、光明磊落的印象。听取领导讲话，

平行沟通：也就是人际关系了，如果你的人际关系不好、沟通不畅，工作就不会顺心，因为没有人会和不懂沟通的人有良好的合作的。

所以在管理当中沟通是相当重要的，生活中没有沟通，就没有快乐人生；事业中没有沟通，就没有成功；工作中没有沟通，就没法乐趣。当然，管理中说没有沟通，就谈不上管理，不懂沟通也就是不懂管理。只有全力以赴的朋友，明知方向的朋友，才是成功的朋友！在生活与工作中，沟通是必须的，如若人类没有沟通，很多事情也无法达成一致。每个人都看重沟通这一“法则”。

心灵驿站

敞开心扉，多与亲朋好友聊天，必要时还可以与上司谈心，当你将工作中的压力抒发出来的时候，必然得到了对方的关爱、回应和鼓励，甚至会给你提出很好的建议，这样压力自然就被化解了。

保持劳逸结合的生活状态

列宁说过:休息是为了更好的工作。

女白领工作一段时间,就要劳逸结合休息一下,从事一些可以娱乐精神和放松身体的活动。从事一些有氧的运动,也可以缓解紧张的情绪。

许多因素会影响你的精力,其中一项因素就是热忱。当你有热忱时,就算体力已经不济,但精神仍维持在很亢奋的状态。当你觉得无聊时,就会变得无精打采,没有什么气力,也没有生产力。

为了维持高生产力并保持精力充沛,就得要保持最高热忱,也就是要避免感觉无聊。造成无聊的主要原因就是,当你要做自己想做的事时,却得去做别的事。因此,你得把工作组织一下,让你在想做事的时候,可以用大多数的时间做自己想做的事。

显然,你应该避开那些会令你感到无聊的工作。强迫自己做那些你不喜欢做的事,只会令你更无精打采。不过,就算是很喜欢做的工作,如果花太久的时间去做,或是当时并不想做这些工作,你还是会觉得这些工作很无聊。解决之道就是同时进行许多不同的项目,在特定时段内做自己想做的项目。因为一般人多半每天会调整自己的时间表(会议时间当然不能算在内,因为老早就订好了),你就可以依照自己的工作情绪调整想做的工作,只要能赶上截止期限就好。

每个人都可以找到一些让自己在一天中再度焕然一新的事情。只要你知道哪些方法有用,就照做吧。比如,美国很多公司,其办公室里就设有私人化妆室,当人觉得愈来愈不专心、精神愈来愈差时,就去洗洗脸。洗完脸后,精神马上为之一振。你也可以洗把脸、起来走走路、替人跑跑腿、跟朋友喝杯咖啡、或是打电话聊聊天,让自己休息一下,同时也能让精神再次振奋起来。

从法律的角度讲,休息使人在享受闲暇的同时,获得真正的自由。对于人类来说,劳动都不会直接成为人生目的,而只是谋生和实现个人价值的手段,人类除了职业劳动生活方式以外,还有许多生活方式,如家庭生活、文化生活等,都需要在工作以外的自由时间里进行。

应该看到,休息有助于更好地工作,是提高工作质量和效率的保证,同时工作又赋予休息以意义,有助于提高休息的质量;同时应该认识到人的时间是有限的,工作时间的延长,必然会缩短休息时间,影响劳动者的身心健康。

一般来说, 保持效率和呵护健康最重要的方法就是使你本人充满活力,而保持充沛活力的方法则在于防止疲劳,防止疲劳最重要的方法则是休息。的确,休息能够让你在清醒的时候做更多有效率的事。如果你没有办法在中午睡个午觉,可根据情况在晚饭前躺下来休息 1 个小时。这样,你就可以在你生活中每天增加 1 小时的高效时间。

《为什么要疲倦》的作者丹尼尔·何西林说:“休息并不是绝对什么事情都不做;休息就是修补。”在短短的一点休息时间里,就能很强的修补体能,即使只打 5 分的瞌睡,也有助于防止疲劳。

爱迪生认为他无穷的精力和耐力,都来自他能随时想睡就睡的习惯。亨利·福特过 80 大寿时说:“我能坐下的时候绝不站着,能躺下的时候绝不坐着。”

女白领们应尽量地享受公休、周末和一切假日的时光,人在放松的时候特别能有满足感和幸福感,而这些精神的快乐可以滋养身体和智力,使你获得再工作的力量支撑。

瑜伽可以平定心态,可以将人的注意力带回呼吸,从而依靠呼吸保持清醒,培养人的耐心、善心以及温和的品质。瑜伽还可以训练自己克服障碍的能力,女白领们可以尝试。

有人比如炼瑜伽时分心,很像我们儿时学步时跌倒又爬起。当人“一心依随呼吸出入时，就像决定走路。然而，才走了几步，就蹒跚跌倒，我们又分心了。但通过将注意力带回呼吸，又站了起来。

此外，女白领们还应该注意：第一、科学和合理的饮食，因为这有利于体力的恢复和再造。第二、追求文明健康向上的生活方式，做到心胸宽阔。真正能做到劳逸结合的人必定是会成功人生的人！

几年前，好莱坞一位电影导演杰克·查纳克常常感到筋疲力尽，什么办法都用过，喝矿泉水、吃维生素和一些补药，一概无济于事。随后，他试了试这一类方法，两年后他说："出现了奇迹。以前每次和我手下人谈话时我总是坐在椅子里，非常紧张。现在每次开会，我都躺在办公室的长沙发上。现在，我每天能多工作两个小时，很少感到疲劳。"

心灵驿站

合理的休息时间是确保劳动的人道性和伦理性所必须的。确保并不断扩充休息时间，是社会文明和进步的标志之一。

走出冷宫，做职场宠儿

俗话说："人无千日好，花无百日红。"不单古代后宫里如此，职场同样如此，你能够让上司"宠"你一时。却不能让他永远"宠"你。如果外部环境发生变化，或者你自身的核心竞争力下降，或者由于别的什么原因，上司的红人就会换作别人，在竞争激烈的职场，这实在是再正常不过的事了。

“踏实做人、认真做事”与“受宠”之间并无因果关系，而且这样的自我认知已经大为过时了。如果不想继续“心里不是滋味”，有两种做法：一是放弃“得到领导的喜爱”这个想法。依自己的原则行事下去。也做好默默一生的准备；二是改变行为方式，但这并不等于改变自己的价值观和原则。

失宠并不是一个突发事件，在失宠之前上司或多或少都散发过一些信号弹。比如，不再分配给你重要工作、不再赞扬你的业绩、不再给你加薪升职、做决策时有你没你无所谓，俨然当你是透明人。以前你十分讨厌开会，但现在大会小会都不通知你参加，甚至故意在你外勤时召开，估计上司是不想再看到你那张脸，不想再听到你提的任何意见和建议了。或者，突然增加或减少你的工作量。减少你的工作量是要逐步削弱你的权力，增加工作量则是为了挑战你的承受力，如果你挺不过去，上司就可以顺理成章地“找个人来帮你”。

另外，对你的奖惩也变得模糊。当你取得了明显的成绩，放在往日一定会获得奖励，而现在上司却轻描淡写假装没看见；你犯的一个小错误——搁在别人身上也就是两三句批评，上司却大书特书，恨不得拉你出去痛打50大板——你就应该明白，以往的奖惩标准在你身上已经不适用了，你正式被打入了冷宫，进入了职场失宠期!

危机时刻，你一定要冷静下来，沉着应对，明白职场就像一根波浪线，有起有落，对任何人都如是。当你失宠时，要懂得积蓄力量，寻找机遇平稳地走出职场冷宫。

要扔掉受害人心态，失宠后，人通常都会有一种自我怜惜的“受害人心态”，觉得自己自始至终都是正确的，只是不公平的老板和龌龊的同僚，用卑劣的手段在“整”自己。有这种被动消极的“受害人”心理的人，往往站在所谓“善良”、“道德”或“原则”的制高点，向下俯视众生。她记住的都是自己的好和别人的坏，她会从一个“受害人”转变为“愤世嫉俗者”，职场在她的眼里变成了弱肉强食的丛林，而自己的定位则是可怜兮兮的林黛玉。

对于有“受害人”心态的人，刚开始会有人同情，久而久之就不会再有人同情甚至帮助，谁愿意不停的理解一个心理灰暗扭曲的人呢？如果你不幸就是一位“受害人”，请冷静检查自己的心理，运用独立意志和自我意识去磨炼自己的心态，换位思考一下。如果你是老板，你愿意雇佣一个整天一副受气包模样的员工吗？如果你是员工，你愿意追随一个凡事都抱怨他人的老板吗？

以下五招助你走出冷宫：

(1)调整好心态。面对失宠，不能意志消沉，而应该有一颗平常心，积极面对。许多人的晋升，并不完全由于能力，更多是源于成熟的心态与心胸。

(2)反思原因。不管是何种原因失宠，都应该反思自己，向上司表示歉意，但又不能让上司丧失对自己的信心。

(3)拿出行动。尽量争取机会，证明自己，自然能安全度过失宠期。

(4)主动沟通。如果是上面人员变动等原因，让自己不再受宠，则应该主动找上司沟通，表明自己当初受宠是因为自己有能力为公司赢得效益的结果。

(5)变通自己的行为方式。过分的巴结讨好当然不被提倡，但是应该与正常的交流区分清楚，不是所有的沟通都被排斥，否则就让自己在无意中疏远了与同事、上司之间的关系。

心灵驿站

危机公关也是职场人必备的一项技能。有时候面临降职等危机时，不要让意识走入死胡同，将思路打开，静心下来，暗中蓄力，表现出被公司老板赏识且无法替代的能力，问题自然而然就解决了。切莫以离职来简单化地解决问题。

第三章

内外兼修找回女白领的好心态

很多时候，人生就像过桥，失败的原因恐怕不是力量薄弱、智能低下，而是周围环境的威慑——面对险境，很多人早就失去了平衡的心态，慌了手脚，乱了方寸。

从内心强大起来

内心的强大，是学不来的，只有自己去体会。做真正的自己，不要为了一些虚假的东西而改变自己。每个人都是不一样的个体，老天在造物的时候已经注定了这些不同。我们的每一天不会都是忧伤和不快乐，

给自己一个自信的微笑，相信自己。自信的人是最美的。让自己自信，首先要爱自己，很肯定的觉得自己是个有能力且能给他人带来帮助的人。每天出门昂首挺胸，乐观开朗的面对生活。多接触朋友，多些社交，大胆去表现，不要在意其他人的看法。

有些人很早就知道，而有的人却领悟了很多年。也许，在你的身边，你会发现有些人很强大，而你常常感到自己的微小。其实，他们是用自信压倒了你的气势，大家都是一样的，你并不需要担忧和害怕。当然。这种自信也绝对不是盲目的，它需要知识的积累和阅历的增长，否则就会变成轻狂了。

也许，你是个物质匮乏的人，那也不要忧虑什么，这只能代表你目前可以享受的物质会比别人少些，并不代表你以后和你的精神会一样的匮乏，也不能丝毫地减少你的自信，因为你可以强大你的精神。也许，你是个物质条件优越的人，那么请你珍惜并感激你的生存条件，而并不是去用各种奢侈的消费和铺张的花钱方式来标榜你是个有钱人，高人一等，你需要做的是在物质优越的时候优越你的内心。也许，目前的你是个不如意的人，但也不要自暴自弃，任何时候，放弃自己都是可怕的，相信自己有一天会站起来的，你不比别人矮。请保持这一份自信，让它一直伴随你的成长。自信，会让你的内心强大。天生丽质的女人当然能够倾倒众生，而拥有恒

久吸引力的，往往是十足女人味的聪明女人。

一个现代女性不仅要有女性特有的外在魅力，更要注重自身的智慧修养，从内心强大起来。这样，即使青春远逝，仍然能够吸引众生。

智慧的魅力虽然有时不如性感那么富于诱惑，那么令人心醉，但它却更深沉动人、更长久。所以说，令人迷恋的女性气质来自其内心的智慧修养。

智慧其实是女人不可或缺的养分。缺少了智慧，行为便没有了约束，就谈不上什么魅力了。秀外慧中恰到好处地解释了这个浅显的道理。

思考能给女人以智慧，使女人变得缜密而严谨，思考还会给女人以充实感，使女人感到自己并没有辜负光阴，辜负人生，辜负生活。这充实感会产生力量，产生创造崇高业绩的自信力量。

有人说，善于思考的女人，且不论精神生活多富有，就是外貌也是美的。一点不假，你想想看，专注的神态、明亮的眼睛、富于弹性的面部表情，这不正是思考中女人的特征吗？

思考，更有一种神奇的效能：当你由于种种原因而无法阅读的时候，或者当你徘徊于江边湖畔，漫步于林中小径，只要你是个有思考习惯的人，随时都可以开动起思维器官，抓住构成你生命的每一分每一秒。

提倡思考，并不意味着可以放松实践，实践总是第一位的。思考好比播种，行动好比果实，播种愈勤，收获也就愈丰。假如人和自然界一样，也有春华秋实的话，那么，只有善于思考的人，才有可能品尝到金秋的琼浆玉液，享受到大地赐予的丰收的欣悦。

不要让自己的生活毫无目的，你可以有小小的迷茫，因为人都不是神，需要去寻梦。当你明确了自己的梦想请朝它迈进，哪怕每天的一点点。这种梦想也绝不是天天挂在嘴边的豪言壮语，它要的是内心默默的坚定和努力。有梦的人，是能坚定的人。如果，很多年以后，当你回过头来看，梦想实现了，请为自己高兴；如果没有，也为你自己高兴，只要你曾经奋斗过，梦想也许会让你的内心更强大。

不要称自己老娘，你跟千千万万的女人一样，是个容易受伤的女人，那就不要再故意给自己创造受伤的机会。

总之，要让内心变强大除了注意上述各点外，还应该：①空虚无聊时多读书，在低落和空闲的时候，最能静下心来；②做一个简单的人，平和而执著，谦虚而无畏；③不庸人自扰，不玩弄心计，不打坏心眼，但偶尔可以现实和虚伪一下，因为大家谁都不喜欢“硬邦邦”的人；④懂得倾听别人的忠告，懂得分辨别人的赞美；⑤不要太八卦。

心灵驿站

智慧的女人是温柔的；智慧的女人是美丽的；智慧的女人是超脱的。智慧使女人能真正把握好自己，并获得从容自信，最后从周身透出内在的气质，使之脱颖而出。

做个大度的女白领

大度，是一种优良的生命质地，它喜与宽容结伴，乐与安详为伍。一个人能以沉静的心境，面对宿敌有“相逢一笑泯恩仇”的气度，遭遇对手有“得饶人处且饶人”的襟怀，也许这还不是大度的全部内涵，但应是对大度的高度概括。人生之旅，征途迢迢，这里帮人一把，那里放人一马，这便是拥有大度者的人格风范。

人的一生中不可能不妥协。因为不妥协，你的同事和领导会认为你固执，不大度，不能容人，难以相处，你的客户会感到你的偏执，做事一根筋，从而不想与你有任何生意往来；因为不妥协，你的丈夫经常会生你的气，觉得你不懂退让,不包容;因为不妥协,你的父母也会认为你不懂事,不体谅他们的苦心;因为不妥协,你自然会与朋友发生很多矛盾,即使对方让你一步,你还不满足,因而你会失去很多友谊。最终,你在不妥协中身心俱疲,要么疯狂崩溃,要么颓废进角落。

因为很多事情没有绝对的正确和绝对的错误,因此,我们要学会妥协。在和他人沟通中,如果有绝对正确和绝对错误,沟通是难以进行的,总是正确中有错误方面,错误中有正确的方面。简单地进行正确和错误的判断,是幼稚的和绝对化的。

有些人总想争个输赢,而这恰恰是不成熟的表现。什么事情自己心里要有数,不要去较劲,先妥协,再一步步商量对策,这是对彼此的尊重。

当然,善于妥协不是一味地忍让和无原则地妥协,而是意味着对对方利益的尊重,意味着将对方的利益看得和自身利益同样重要。在个人权利日趋平等的现代生活中,人与人之间的尊重是相互的。只有尊重他人,才能获得他人的尊重。因此,善于妥协,就会赢得别人更多的尊重,成为生活中的智者和强者。

在交往中不要苛求他人,不苛求他人,就是要承认别人能同自己一样,选择、保护、发展他们的个性、习惯、兴趣和观念等。这是不苛求他人的第一个要求,也是灵活性格的重要表现。

现代心理学认为,男性的女性性格化,女性的男性性格化,具有适应环境、适应他人的更大灵活性,因而在现代社会中也就能获得更大的生活自由度。

当然,宽容并不是不讲原则,更不是寄人篱下,而是以退为进。一个女人能宽容别人,在人际交往中保持性格的灵活性,是有益的交往态度。

在生活中经常听某些女人说:“我恨死××了!”这种憎恨心理是最要不得的。一方面,你在憎恨别人时,心里总是愤愤不平,希望别人遭到不幸、惩罚,却又往往不能如愿,因此容易被一种失望、莫名烦躁的情绪所困扰;另一方面,在憎恨别人时,由于疏远别人,只看到别人的短处,言语上贬低别人,行动上敌视别人,结果使人际关系越来越僵。

而且,今天记恨这个,明天记恨那个,结果朋友越来越少,对立面越来越多，严重影响人际关系和社会交往，成为孤家寡人。这样一来，不仅负性生活事件越来越多，而且承受能力也越来越差，社会支持则不断减少，以致在情绪一落千丈之后便一蹶不振。

可见，憎恨别人，就如同在自己的心灵深处种下了一粒苦种，不断伤害着自己的身心健康，而不是如己所愿地伤害所憎恨的人。

所以，在别人伤害了你，心里憎恨别人时，不妨设身处地地考虑一下，假如你自己处在这种情况下，是否也会如此？当你熟悉的人伤害了你时，想想他往日在学习或生活中对你的帮助和关怀，以及他对你的一切好处。这样，心中的火气、怨气就会大减，就能以宽容的态度去谅解别人的过错或消除相互之间的误会，化解矛盾，和好如初。从而使自己始终在良好的人际关系中心情舒畅地学习与工作。这样，宽容的是别人，受益的却是自己，且给人以大度的印象。

心灵驿站

在人际交往中，和谐融洽是人人希望的，只是矛盾、隔阂常要光顾我们的生活。于是，尊重别人的个性、习惯等，是一种宽容；但是，当别人对自己表现出进攻的姿态时，能做到合理的谅解、忍让，则是更大的宽容。

不做职场“花瓶”女

花瓶的特点是外表美观，触感光滑，而且比较常见的传统花瓶是细颈长身，有着丰满诱人的S型曲线。无论是从婀娜的外形，华美的外表还是光滑的触感来说，都像一个美貌的女子——魔鬼的身材、撩人的体态、美丽的容颜、细嫩的皮肤。

然而，花瓶除了用来插花当装饰品外，并没有太大的实用价值，而且是易碎品。因此，人们常常将美丽却无能的女人称之为“花瓶”。

任何一个漂亮的女人都不会喜欢这样一个称呼。没有人乐意承认自己是虚有其表的白痴。然而，不承认并不等于不存在。这样的女人充斥在我们的身边。职业技能平平，工作能力一般，但是人漂亮，又会来事，极尽恭维拍马之能事，跟上司玩暧昧，因此一时也能混得风生水起。然而时间一长，“花瓶”的本质暴露无遗，也就难逃被遗弃的命运了。因为，对于一个公司来说，它需要的是能够为公司的发展作出实际贡献的人。

一个员工的价值体现在她有没有为公司创造利益，有没有为公司的成长添砖加瓦，而不在于她自身有多漂亮(这种漂亮能够转化成实际利益除外)。

再漂亮的花瓶，如果它没能起到赏心悦目的作用，而又占据了主人有限的空间，它的结局只有一个——像用过的抹布一样被丢弃。因此，作为职场中的女人，一定要学会内外兼修，成为有文化有内涵的女人。

事实告诉我们，美女并不一定受人欢迎。而一个有文化有内涵的女人，是谁都不会讨厌的。如果你美艳如花，又拥有智慧、优雅、博学……那么，每一个人都乐意成为你的朋友。

在某化妆品进出口公司工作的罗女士，出身平凡，但长得漂亮，爱慕虚荣。她对于自己的美貌相当自信，认为自己终将钓到金龟婿。

她先请形象设计师给自己设计了美丽的形象，包括举手投足的礼仪，之后，她四处参加有钱人的派对，并且把自己定位于贵族的身份，然而，半年下来，有男人请她吃饭，也不乏第一次见面就委婉地发出无礼邀请的男人。她不愿意那样，她要的是爱情，是幸福——她认为这些百万富翁不够品位，跟暴发户没两样，自己一定要嫁给有品位男人。她将自己的征婚启事贴在一个财富论坛上，之所以贴到这里，是因为这里聚集了金融大鳄，各种各样的财富男人。

她在征婚启事上这样写道：我是一个长相漂亮举手投足高贵的女孩子，希望能在这里结识一位优秀的好男人，他的条件如下：拥有百万以上个人资产，本科以上学历，儒雅、博学，懂得爱惜呵护女性，有情趣，会浪漫。她以为，这样的征婚启事发出去以后，每天向她应征男朋友的有钱男人会踏破她"家"的门槛，打爆她的电话，争相一睹她的芳容。结果却是，打电话的，没有一个是百万富翁，都是些贫穷又无聊的男人。

不过，其中倒是有一个百万富翁，只是他并非为应征而来。他对她说："你不会找到一位理想的投资人。虽然我就是你要应征的最理想男人，但我不是来应征的，更不会对你投资。我可以肯定地告诉你，符合你应征要求的男人，他们对你的征婚启事是毫无兴趣的。"

她反驳说："你错了，我是在找一位情投意合懂得呵护美女的丈夫，不是投资人。"

"一个道理。请问现在有几个百万富翁前来应征？"一句话击中了她的要害。

"为什么？"她自己也禁不住同男人探讨起这个问题。

这个男人接着说："一个男人能挣下千万家业，能从穷小子拼打成为千万富翁，是因为他具备一定的投资理念和能力。他们对于市场的把握张弛有度，知道投资什么值得，投资什么不值得。商人的目的就是赚钱，他不会拿很多的钱买一个无用的东西，并且每天还要花费高额的养护费用。对于他们来说,你能带给他们什么好处呢?”

“你既不是他们事业上的伙伴,也不是能带给他们激情的女人,你的美貌对于他们而言,只是一个视而不见的摆设。所以,他们对你的征婚并不感兴趣。”罗娟语塞。

是的,职场不欢迎花瓶女,但欢迎既有文化又有智慧更有美貌的女人。外貌会随岁月老去,化为乌有。智慧却会随岁月的老去而增值,并创造出无数令你意想不到的财富,也会让一个原本平凡的女人更加富有。这样的女人,才是真正的美女。

心灵驿站

每个职场女人都想自己貌美如花,可是这东西爹生娘养,似乎由不得自己做主。于是,一些容貌美丽的女人便以此为傲,认为自己长得美便高人一等,一味注重自己的外表形象,而不去追求自己的学识与修养。

情绪左右不了你

在以男性为中心的职场,女人想要建立独特的工作风格,并非一件容易的事。不能过于男性化,太刚毅失去了女性的美感;但也不能太多情,控制不了理性与感性的分界。

许多男人对女人投入职场的不信任,是来自“女人太情绪化”的刻板印象。受到挫折时,许多女性本能的反应就是以哭泣来排解压力,或是在争执一件事时,顺便把过去的过错混为一谈,这些都是不被男性所接受的工作态度。

眼泪或许能惹人怜惜,替你解套,但要懂得看时机与场合。严肃的工作领域可不是梨花带泪般小公主出没的地方,真正高明的女人,是懂得就事论事、公私分明,该坚强的时候绝不面露惧色,很多职场女白领总会以为只要工作认真,领导对你就会格外看重一些,因此对工作的艰苦性,特别是人与人合作的艰苦性没有足够的认识, 幼稚地认为工作之中不用讲权力、责任,只要大家合作,一起把事情做好就可以了,可实际上,并不是这么回事。

在工作中最重要的事情并不是找到自己认为“最对”的方法,而是要找到对解决问题有帮助的“最好”的方法。这点是职场女性成熟的一个标志,“咄咄逼人” 其实是一种外强中干的表现, 而真正的女强人心智要坚强,这样才能达到“一切尽在掌握”的境界。

女人的成熟实际上是一种克服本身感性因素泛滥的过程, 一开始的“遇到挫折就放弃行动”到后来的“怀疑自己但不放弃行动”。所以在职场中,控制自己的情绪,任何时候都要保持冷静,才是一个职业女性所应具备的品质。

由于社会和传统的看法, 人们可以自然地接受女性毫不掩饰地表露自己的情绪。康德说过:“女性的细致和敏锐使她们对极其微不足道的羞辱都十分敏感,对一丝一毫的怠慢和不尊重也能感觉出来。”因此女生的情绪较易受到外界因素的影响,不够稳定。与男生相比,女白领在职场中时,情绪更易外露,而且波动也会更大。

在工作中最重要的事情并不是找到自己认为“最对”的方法,而是要找到对解决问题有帮助的“最好”的方法。这点是职场女性成熟的一个标志,“咄咄逼人” 其实是一种外强中干的表现, 而真正的女强人心智要坚强,这样才能达到“一切尽在掌握”的境界。

女人的成熟实际上是一种克服本身感性因素泛滥的过程, 一开始的“遇到挫折就放弃行动”到后来的“怀疑自己但不放弃行动”。所以在职场中，控制自己的情绪，任何时候都要保持冷静，才是一个职业女性所应具备的品质。

当然，我们每个人都应该学会宣泄自己的情绪，宣泄并不意味着失去理智，而是为了在人生的路上走得更稳、更久远。

现代社会满负荷的工作和对财富的追求很容易让人迷失自己，工作的压力、生活的烦恼常常压得人喘不过气来，这样就有必要在繁忙中放慢脚步，适时地宣泄一下自己的情绪，才不会偏离自己的人生轨道。

试想一下，在心中压抑了太多烦恼之后，避开纷杂的人事，找个安静舒适的地方，一个人唱歌、呐喊、哭泣，没有人世间的尔虞我诈，没有名利场上的你争我夺；有的只是一个人的世界，自由自在地做些自己想做的事，可以漫无边际地幻想，可以无所顾忌地发泄，这样的方式难道不是一种很健康的生活方式吗？

人只要活着，就要面临一些压力和烦恼，适当的压力能促进人更积极地进取，然而当压力和烦恼积累到一定程度时，就会为自己的身心带来疲惫，这时就需要自己去为自己调节，把不好的东西都清除出去，给自己的身心一个喘息的机会。因为一味地压抑心中的不快，并不能解决问题，反而会为自己的健康带来很多坏处。在生活步调紧凑繁忙的现今社会中，人人都应学习如何疏解自己的精神压力，找个自己喜欢的方式宣泄心中的痛苦和悲伤，如此才能活出美丽豁达的人生。

心灵驿站

女生的感情天生就比男生丰富，对于很多事情的处理也倾向于感性的方法。有些时候，这种感性的处事方法会赢得客户的好感，认为公司形象非常具有人性化的特色。但是，如果遇到硬性规定的时候，感性的处事方法会让人感到非常不专业，也会很容易把事情搞砸。

命运就在你自己手中

有时候,你会觉得命运对你是如此的不公平,那些技不如你的人,那些家庭条件不如你的人,那些相貌不如你的人,一个个却过得有滋有味,别人的生活充满了幸福和阳光,你的生活却是一片阴霾。

于是,你开始怀疑自己的命运。其实,看看下面的故事,也许你会有新的感觉。

程女士经常和众人讨论“命运”这个词。她非常相信“天命”。她想,既然天地万物都有自己的归宿和命运,那么自己的一切都由命运来安排吧!每当她失落的时候,她就会说,这一切都是命中注定的。年复一年,她的生活一直都很平淡,没有光明和辉煌,只有暗淡和贫穷。直到有一天,她发现别人的命运似乎比她的要好得多,他感觉到命运对自己太不公平,终于,他有些不甘心了。于是,就带着疑惑和不满,去拜访一位智者,希望得到一些帮助。

她问智者:“您相信命运吗”“信”智者回答。于是,程女士更觉得好奇和不满了:“我也相信命运,为什么我的命运如此暗淡,而别人的命运却是那么辉煌,究竟是谁在掌控每个人的命运呢?”

智者让他伸出手,说:“你看,你的手中有事业线、爱情线,还有生命线,这些线构成了你的命运。”然后,智者把他的手合起来,说:“你看这些线都在哪里?”“都在我手上呀!”程女士恍然大悟,原来命运一直在自己手上。

后来,在生活中,她注意用行动去改变自己的现状。在努力奋斗中,她也遇到了很多的挫折和困难,但每当这个时候,她就想起智者的话,事业、爱情、生命都由自己掌握。

在生活中，她发现，原来只要握紧手，咬紧牙，再大的困难自己也能战胜。最终。她的命运彻底地改变了，她为自己的一生写下了辉煌的篇章。

人生在世，还有什么比认定天命更悲哀的事情？又有什么比掌握自己的命运更明智的事情？

在全世界流传的《国际歌》唱到：从来就没有什么救世主，也不靠神仙皇帝，要创造人类的幸福，全靠我们自己……

歌声让我们懂得：每个人的救世主其实就是我们自己。只要我们不向命运低头，只要付出努力和艰辛，一切都是可以得到改变的。

现代人都有一种通病，那就是不了解自己。我们往往在还没有衡量清楚自己的能力、兴趣、经验之前，便一头栽进一个过高的目标——这个目标是比较得来的，而不是了解自己与环境之后订出来的。所以每天要受尽辛苦和疲惫的折磨。

人如果在生活中总是与别人比较，总是希望获得他人的掌声和赞美，博取别人的羡慕，那么，他就慢慢地迷失自己，否定自己。一个人成天乞讨获得别人的掌声，他的生活必然是空虚的。久而久之，他的生活就变成了负担和苦闷，而不是充实和享受。所以，人贵在了解自己，根据自己的能力去做人做事，那才有真正的喜悦。人彼此都不相同，有的人聪明，有的人平庸，有的人强壮，有的人羸弱。每个人的性格、能力、经验也各不相同。我们只有依照自己的潜能去发展，那才有真正的快乐。

俗话说，"旁观者清，当局者迷。"苏东坡在《题西林壁》一诗中也说："横看成岭侧成峰，远近高低各不同。不识庐山真面目，只缘身在此山中。"我们自己看不清自己的主要原因，就和身在庐山反而看不清庐山真面目是一个道理。要使自己对自我有自知之明，还得让自己跳出自我的小圈子，站在旁观者的立场来分析和评价自己。鲁迅先生曾经说过："我有时解剖别人，但常常更严格地解剖自己。"这样才能对自己有清醒的认识。

我们对自己的了解越明确，所表现的行为越适合本身的情况，我们的表现也会越自然，越能给予他人一个正确的印象。同时他人根据那些印象来与我们交往时，将不致引起什么困难。就我们自己来说，对本身有一个明确了解之时，也等于有了一个做人的准绳；尽管在不同的情况之下，我们还能表现颇为一致的姿态与行为模式，别人也知道该怎样和我们维持适当的关系，如此处世既能与人友好相处又不迷失自己，真是恰到好处。

贝多芬，出生在一个音乐世家，很小的时候就有了“音乐神童”的美誉。但不幸的是他25岁患耳疾，到30岁的时候，他的听力急剧下降，后来双目失明，虽经治疗仍无济于事。但是他没有绝望，依然立志从事音乐创作，在既看不到眼前的乐谱也听不到丝毫的琴音的情况下，他成功地创作了《第九交响曲》。

不可否认，他是一个优秀的音乐家，但他最伟大的地方绝不仅仅是创作了一些天才作品，而是他自身创造的奇迹，他给整个人类带来了一种力量，一种挑战命运的力量。

心灵驿站

每个人的一生都有不同的命运。有的人生来就锦衣玉食，荣华富贵；有的人生来却食不果腹，吃尽苦头。其实，这些只是人生的起点不同而已，但从起点到终点的漫长人生道路，却需要每个人自己去走。而这个过程，足以让我们改变一切。

别让嫉妒坏了你的事

在生活中,我们与别人总是有差别,有差别便自然会有比较,有比较就难免会有嫉妒之心。就像培根说过一句话,“嫉妒永远不休假”。大凡是女人,在生活中都品尝过嫉妒的滋味:或嫉妒他人或遭人嫉妒。

嫉妒心理来自于内心的不满、不平衡。一旦不满、不平衡的情绪产生,嫉妒就是不可避免的了。在我们的生活中,内心不平衡的人比比皆是,相应地,嫉妒的人也比比皆是。嫉妒心理把许多人带上了歧途。

女人的嫉妒千奇百怪,五花八门。嫉妒她人的花容月貌和她人的才华横溢,嫉妒她人的好运气和她人的受欢迎,受重视。

多数女人对自己的外貌相当的在意,而天生丽质,如花似玉的毕竟是女人中的极品,数量少之又少,这就为女人的嫉妒埋下了伏笔,绝大多数女人在外形上都会一些先天不足,比如个不够高,腿不够长,身段不够婀娜,皮肤不够白皙,头发不够浓密,眉眼不够传神,总之,上帝很公平,不会把所有的优点都赋予同一个人。大多数女人不能忍受自己的同龄同性人,尤其是熟人,比如同学,朋友,同事,亲戚比自己在他人面前更有吸引力,并且好嫉妒的女人往往是那些某些方面条件还不错的人,她们嫉妒的也是和自己旗鼓比较相当的人,一个身材绝佳的女人不可能去嫉妒一个身材臃肿的女人,但却完全有可能去嫉妒一个有着同样婀娜身材,脸蛋却比自己更动人的女人。

如果,一个女人不幸天生丽质,还聪慧有个性,那她在生活中所遭受的来自女同胞的敌意就会比别的相对资质平平的女人多得多,如果这个女人又不幸地嫁了一个成功的男人,衣食无忧,就更能激发同性的嫉妒心了。一个异性朋友越多的女人,同性朋友越稀缺。女人之间总是存在着微妙的竞争关系,女人之间的友谊大厦往往会因为在男人看来微不足道的小事而轰然倒塌,两个美女成为好朋友的概略很低。

嫉妒,损人却不利己,于人是伤害的利器,让他人倍感寒冷,于己是心灵的毒药,让自己倍感不悦,嫉妒他人的人往往在某方面缺乏自信同时又相当的争强好胜,贪心,自私,希望全世界的好事都落在自己头上,容不得别人比自己强,比自己过得好。嫉妒会让一个人的心灵蒙尘,面容憔悴,理性缺失,感知错位,变成一个人格不健全,心智不成熟的人。

女人的最大魅力,不在于腿有多长,脸有多俊,胸有多高,而在于举手投足的从容淡定,内心世界的充实宁静。牡丹的娇媚、玫瑰的撩人、茉莉的芬芳、都会转瞬即逝,只有智慧之花能长开不败,沁人心脾。

当然,你可以羡慕,但不可以盲目的嫉妒。羡慕是看到别人拥有的,希望自己也拥有,是一种积极向上的精神;而嫉妒则是对比自己好的人,心怀憎恨之情。古人说"心贼最为灾"。一个多么聪明的人,如果染上"嫉妒"的病毒,其所作所为就容易失去理智。

以前有个故事。说一个人遇见了上帝。上帝说:"现在我可以满足你任何的一个愿望,"那个人听了高兴不已。"但有一个前提,就是你的邻居会得到双份的报酬。"上帝接着说。

那个人的脸马上就沉了下来。他心想:如果我得到一份田产,我的邻居就会得到两份田产了;如果我要一箱金子,那邻居就会得到两箱金子了;如果我要一个漂亮的女人做妻子,那么,那个穷光蛋就会得到两个漂亮的妻子。他想来想去,觉得不值得。为什么自己遇到了上帝,却便宜了邻居?

他实在不甘心让邻居占便宜。最后,他一咬牙,对上帝说:"您挖我一只眼珠吧!"

当然,你可以想象到,这个人被挖掉了一只眼珠,他的邻居相应地被挖掉了两只眼珠。因为不想便宜邻居,他宁愿失去自己的眼睛。他不愿意跟邻居一起高兴,却愿意跟邻居一起痛苦。

细细想来，嫉妒能让我们得到什么？打击了那些比我们成功的人，我们就能获得成功吗？中伤了那些比我们幸福的人，我们就能获得幸福吗？

一种克服消极嫉妒心理较好的办法是：唤醒你的积极嫉妒心理，勇敢地向对手挑战竞争。积极嫉妒心理，必然会产生自爱、自强、自奋、竞争的行动和意识。

当你发现你正隐隐地嫉妒一个在各方面比自己能干的同事时，你不妨仔细考虑一下究竟是为什么和可能造成什么结果。在你得出明确的结论之后，你会大受启示。

总之，嫉妒源于自己那颗不自信的心。在这个世界上，有很多人生活得比你好，比你富有，但是，每个人都有自己的幸福，你也有他人没有的快乐。与其嫉妒别人，不如享受自己的幸福，做好自己的事情!

心灵驿站

每个人的一生都有不同的命运。有的人生来就锦衣玉食，荣华富贵；有的人生来却食不果腹，吃尽苦头。其实，这些只是人生的起点不同而已，但从起点到终点的漫长人生道路，却需要每个人自己去走。而这个过程，足以让我们改变一切。

白领丽人应炼好"外功"

有许多女白领总是这么认为，自己从学校毕业了，不用再参加各种令人头痛的考试和测验了，日子可以过得松弛一点，至于学习，已经是可有可无的了。其实，这种想法是非常错误和危险的。现代职场早已不允许你安于现状。从某种意义上来说，你进入职场就是进入了赌场，在这里，你只能赢，不许输；所以，为了提高自己的"赌"技，必须不懈地学习，练好内功，争取成为最后的赢家。

周末，当女白领们离开职场回到家时，都会做些什么呢？狂看电视连续剧？狂打游戏？大科学家爱因斯坦曾说过这样一句话："人的差异在于业余时间。"

步入信息化社会，必然要求职场人士压缩甚至挤占业余时间。曾被美国《时代周刊》评为全球"数字英雄"的搜狐总裁张朝阳说："我就是平凡人，我没有发现自己与别人有什么不同。如果说有不同，那就是我每天除了7个小时睡觉外，其他时间都在工作、思考。"

对于女白领，在自己的职业专业化、职业修养、职业理念的培养方面一定都有着很大的空白，如何利用好业余时间来"查漏补缺"呢？又如何协调充电和放松、工作需要和业余爱好之间的关系呢？

首先，创造充电环境也很关键。尽管充电都选择在业余时间，但难保不会出现与工作相冲突的时候。其次，要想顺利地完成充电而无后顾之忧，做好上司和自己家人的工作也很重要。找机会与上司谈谈，使其明白你想充实自己并且尽量不耽误工作。一般情况下，只要之前有过充分的沟通,一般上司是不会为难的。

此外,不同人群在选择学习方式时也应视自身情况而定。如果平时工作量很大,有时还要占用业余时间完成工作,那最好选择利用周末和一段相对集中的时间参加学习。如果工作时间较为稳定,业余时间充裕,建议选择利用平日的晚上和周末上课的进修班,这样就不会影响工作,也不会因参加学习而造成更大的压力。同时,还可以根据各人的需要和企业的承认程度选择专升本教育、第二专业教育、研究生学历教育、在职研究生进修班、国外学历(证书)教育等形式。

目前,在市场竞争日益激烈的压力下,越来越多的白领加入了培训大军,总人数已占到培训市场的半壁江山。

这一变化又促使培训内容不断升级、更新:外语和电脑渐渐由一项专攻技能转变为个人必须掌握的基础工具,金融、法律、财会等经济生活领域,特别是咨询、物流、现代化管理等“时髦”专业,成为最受青睐的培训项目。

俗话说:“打铁先需自身硬。”这句话告诫我们不论从事哪一行业都要先重视自身的专业素质。不可否认,社会需要一专多能的复合型人才,但这是在你拥有了扎实的专业基础上。换句话说,过硬的专业知识可以保证你在工作中更容易做出成绩,而综合能力再强专业却不强也只能被人认为是工作不踏实。

从越来越多的晋级、跳槽“案例”中,人们发现,拥有一张热门专业技术证书,比如“WTO 事务专业证书”或高级口译”证书,远比一纸文凭更加实惠。随着英国剑桥商务英语(BEC、国际财务认证培训(ACCA)、国际顶尖认证(IIEI)等国外培训品牌的“登陆”,上海市非学历教育不仅完成了培训内容和项目的提升,也彻底改变了早期“学历教育化”的教学模式。一对一教学、讨论式教学、案例教学、体验式教学……这些先进的教学模式,让参与者在快乐学习中,实现了教与学的效益最大化。

不知是天生聪颖,还是运气眷顾,洪女士进这家国内颇有名气的 IT 公司才 3 年,就升为市场部副经理。与当年的同班同学相比,她真是“春风得意马蹄疾”,很轻松就买房买车,在电视台和报纸上也经常有声有影。日日宴席,夜夜笙歌,但是不久,他突然被公司列入裁员名单。当他从内部得知这个消息后，精神一下子崩溃了。他像鲁迅笔下的祥林嫂一样，只是在那里自言自语“为什么被裁掉的是我而不是某某？”

看不到危机，所以就失去压力。其实洪女士应该知道，在IT这种竞争异常激烈的行业，一年半到两年间就会产生新技术，进入这个行业的人需要不断补充新知识和新技术。在这个快速发展的年代里，你“原地踏步”，而别人快速前进，便意味着你被抛弃。你曾经有金灿灿的学历，你举起文凭是可以傲视世人的。可忙忙碌碌一阵之后，猛抬头，才发现知识、技能都在日新月异地发展，你的学历实际上在迅速地“贬值”。

心灵驿站

过去人们常说“不管白猫黑猫，抓住老鼠就是好猫”。对于现代职场的各种老板来说，不管你是男是女，是老是少，需要的都是“有用的”，而且是最好的。

淡忘执著、感恩生活

一位哲人说：“所谓幸福的人，只是记得自己一生中满足之外的人；而所谓不幸的人，只是记得与此相反的内容的人。”

法国作家安德鲁·摩洛曾经说过：“不去遗忘，就不会有幸福。”遗忘，意味着一种对人生乐观豁达的态度。只有善于遗忘，才能更好地保留人生最美好的回忆。

对于一个要享受快乐人生的人来说，忘记过去所经历的一些痛苦事实,是一种智慧,是享受快乐人生的权利。人一旦受过了痛苦的磨难,就会在心里留下一个永恒的印记:印记固然无法轻易抹去,但精神上的枷锁却可以卸去。这就需要我们去试着遗忘那些让我们伤心难过的记忆,或者说放弃曾经遭遇过的惨痛经历。狄更斯的小说《庞大的遗产》中的女主角非常富有,但就在她结婚的当天却被新郎抛弃不管了。从那以后的几十年过去了,女主角却丝毫没有改变她新婚房间的布置,也始终没有脱下那件当年的结婚礼服,她始终沉浸在她爱的人带给她的伤痛里不肯自拔,在一天一天的等待中,慢慢衰老下去,生命也随之枯萎。

人生有很多的不如意。所以,我们很有必要对头脑中储存的东西,给予及时清理,把该保留的保留下来,把不该保留的予以抛弃。那些给人带来诸方面不利的因素,实在没有必要过了若干年还值得回味或耿耿于怀。这样,人才能过得快乐洒脱一点。

“我为什么要工作？”很多女白领这样问自己。有的说,老公的那点工资还不够孩子奶粉钱;有的说,我可不愿意做个家庭主妇,整天围着孩子老公转;更有甚者说,我要在事业上做个女强人,发挥自己的专长。那么是什么让你可以实现自己的这些想法？是工作!

工作为你提供了赚钱养家的机会,为你摆脱了精神上的苦闷,更为你提供了实现自身价值的机会。那么,我们就应该对工作心怀感恩。

不要总是以为,你的老板在利用你赚钱;你的同事在利用你晋升;你的工作环境和你想象中的相差甚远。这些只是你看到的阴暗面,积极的一面却被你自动忽略了:很多人想找和你相同的工作却苦于没有机会;你的同事也曾经在一个重大项目上帮过你的忙,要不是她,你可能还是个小职员;你的老板最近几个月已经给你发了好几次奖金了。这些,你是否考虑过呢？你的生活状况正在慢慢地改善，未来几年里就能买一套像样的公寓,而正是工作为你提供了实现梦想的机会,你还有什么好抱怨的呢？

学会对工作感恩吧!怀着感恩的心,我们对工作尽心尽责,每一个细节都会完成得完美无缺;怀着感恩的心,我们和同事之间通力合作,工作中的任何问题都会被众志成城的力量迎刃而解;怀着感恩的心,对公司忠心耿耿，公司因为有这样的员工而越来越强，你自己也会在自己的岗位上获得无穷尽的快乐。感恩的工作态度也已经成为很多大企业的一种企业文化，只要怀有一颗对工作感恩的心，女人也将会有别样的工作情绪。

常怀一颗对工作感恩的心，女人的心态会更平和。当我们保持着平和的心态看世界时，我们将拥有“宠辱不惊，闲看庭前花开花落”的恬淡与从容。带着阳光、带着幽默、带着愉悦的心情对待身边的每一位同事，互相都能看到对方的优点，互相都为对方的成功鼓掌，通力合作，不相互拆台、钩心斗角……在如此的心境下，我们自然会感觉工作是充实的，生活是快乐的。

对工作感恩，学会享受生活。女人学会快乐地工作，就是学会发掘自己蕴藏着的内在活力、热情和巨大的创造力，就是学会享受每一天的幸福。如果没有好的心情，很难谈得上工作效率与成绩。也许你认为自己的工作是平淡乏味的，也许你认为你的工作是琐碎繁重的，也许……其实只要你愿意怀着感恩的心，快乐地投入工作，那么你的天空不再是阴霾，你就可以体验到平凡与精彩、烦恼与快乐、腐朽与神奇原来是如此轻易转换，你会发现启迪你力量和智慧的、给予你灵感和快乐的东西，原来离你那么近，并唾手可得。

心灵驿站

女人不要再满腹牢骚了，把目光移到自己手中的工作上，心怀对工作的感激之情，多花一些时间，想想自己还有哪些需要提高和进步的地方，看看自己的工作是否已经做得很完美了。

女白领要谢绝诱惑

当今社会，除竞争激烈外，也是一个充满诱惑的世界，钱和利会让人醉眼迷离。作为女人，如果你抵挡不住诱惑，你就会成为诱惑的奴隶，被诱惑所俘虏；而如果你勇于抗拒诱惑，在诱惑面前懂得拒绝，并且保持自我，你就能做好自己的事。

心理学家说，男人，无论年纪多大，内心深处都藏着一个孩子，一个任性的孩子。所以他们会面对诱惑伸出双手，会为自己想要而不该要的东西寻找种种借口，会面对纵容而一错再错。

越来越少人提到“忠诚”这个字眼。这个在婚礼宣誓中至关重要的两个字，在男人们为自己寻找的各类花样借口中被渐渐淹没，被巧妙的肢解。心可以不忠诚吗？或者身体可以不忠诚吗？在毁灭婚姻的雷区危险线前，男人将本是斩钉截铁地拒绝，迂回转变为一步一步地试探。

韩女士在公司做会计。公司老板也是她大学时的同学，加上韩女士也是个本分的人，老板就对她特别信任。另外，公司因刚成立不久，很多制度都不健全。她常与钱打交道，每天少则几万元，多则几十万元的现金经过她手，每当接到钱时，她也总会有一些想法：“要是这些钱是我的多好呀！”

她的确很需要钱，丈夫单位效益不是很好，孩子要读书，老人总是生病……于是一天中午，当大家都出去吃饭的时候，她从那成捆的钞票里拿了一捆，从此，韩女士总是惶惶不可终日，她不敢花那笔钱，她怕家里发现，怕他们怀疑。从此，韩女士工作总是无法集中精神，下了班还是精神恍惚。终于,她由于精神问题被送进了医院。

俗话说得好:君子爱财取之有道。面对很容易得到的金钱,心里总有据为己有的想法,这是正常的。但是如果不是通过合法的途径,即使得到了金钱心里也免不了会有负罪感。这是一种心理的煎熬。这也就是诱惑带给你的痛苦。摆在女人面前的不止是金钱的诱惑,异性的诱惑往往更让女人抵挡不了。男人的宝马香车,别墅鲜花,温情细语以及忧伤迷离,都可以让女人情感陷阱中。

郭女士是一位教师,在别人眼里,她贤良淑德,还有一个可爱的女儿,照理说她应该是幸福的。可是,一个错误却让这个家庭分崩离析,一切就因为她没有抗拒另外一个男人的诱惑。

这天,她和丈夫因为家务的事吵架了,这已经不是第一回。她并不想离婚,因为她的孩子小,她不能让她受伤害,当然她并不是不受欢迎的女人,她丰满漂亮,甚至称得上前卫时髦,追求她的有钱男士多的是,但她都恪守本分,她是个保守的女人。

后来她的上司却走进了她的生活。他吸引郭女士是因为工作时常接触,细心体贴,对她极为照顾。而且,很有钱,有车有房。后来,她就这样沉迷了。她觉得自己空虚寂寞,在凄冷的夜晚,希望有一双坚强温暖的手臂让自己依靠。

她终于答应了他的要求,和他发生了一夜情。天下没有不透风的墙。一来二往的,同事知道了,丈夫知道了。似乎一夜间全世界全知道了。因为他喝醉了酒,向人夸耀他的艳史,于是就把她供出来了。

她终于离了婚,不过是以这种不光彩的理由。而那个男人也一直没有提出和她结婚。

的确,男人的英俊洒脱以及优雅的举止、不凡的谈吐,永远会给女人一种好感,尤其是当你的生活循规蹈矩如一泓静水时,他的与众不同,无疑会给你带来无法言喻的激情和活力,你不要真的以为遇到了白马王子。面对他的怜香惜玉和有情有味的小礼物,你不要昏昏然,当心你遇到的不仅是个花花公子,更是个情场高手。

总之,不管是金钱物质上的诱惑,还是异性的吸引,抑或是其他种种诱惑，女人都应该守住自己的精神家园，把诱惑关在门外，走自己的路，善待自己，不要让诱惑给你带来痛苦！要做一个快乐自主的女人，就得巧识金钱和男人真面目，并用理智和聪慧应对诱惑。

心灵驿站

聪明的女人应该明白：天下没有"免费"的午餐。得到某些东西的同时，总会付出代价。诱惑就是伊甸园的禁果，它外表鲜艳，一旦你摘取了，它会使你走上歧途，酿成大错。

心宽了舞台就大

世界上最大的是海洋，比海洋更大的是天空，比天空更大的是人的心灵。"心有多大，舞台就有多大"，不断进取的心总会让女人不断地成长，不断地自我突破，人生的舞台也会不断地扩展。

工作中你为什么总是感觉到累？因为你仅仅是在为了一个月的薪水而去工作，工作中缺乏激情，没有奋斗目标。假如你现在是一个职员，你为什么不考虑主管的位置呢？你是个主管，你为什么不考虑做个部门经理呢？你已经有了经营的理念，为什么不自己开公司、当老板，何必给别人打工呢？只要你想得到，只要你的想法不是"海市蜃楼"，你就可以实现自己的目标。

拿破仑说过“不想当将军的兵不是好兵”，野心就是雄心，就是目标。女人如果只满足于眼前一成不变的工作模式和工作环境，只满足于目前的薪水，只会止步不前，你的发展空间也会被自己所限制。目标决定了你的人生，志存高远才会让你不断地奋斗，每努力一步，你就会离你的目标更进一步。

马女士出生在一个军人干部家庭，家中有五个兄弟姐妹。

童年令她最难忘的经历就是捡煤核儿。因为烧蜂窝煤太贵，母亲就给她一个麻袋，让她每天放学后捡完一麻袋后才回家，而此时天已经黑了。她问自己：“我这一生的‘麻袋’，何时才能装满？”

她不是一个听话的孩子，这注定了她不寻常的人生轨迹。爱上芭蕾，便是她叛逆的开始。小时候，常常看到学校宣传队的哥哥、姐姐们在操场上练功，她就非常羡慕、天天跑去看，到后来偷偷跟着练。母亲出于对知识的渴望，坚决反对她跳舞，她认为孩子只有好好念书，将来才会有出息。然而她实在太喜欢那轻盈的舞步、优美的旋转了，怎么也无法放弃芭蕾，只好瞒着母亲苦练。

在她上初中时，舞蹈学院来学校招生。她的自身条件加上多年的舞蹈训练，很快就被招生的老师选中，到她家去征求意见。她开心极了，但母亲对此却非常生气。等老师一走，母亲怒气冲冲地把舞鞋用刀一劈两半儿扔到了马路上，再也不许她跳舞，更别提去当舞者了。和母亲这样大的分歧，让她赌气去了遥远的地方寻梦。后来终于成为享誉国内外的舞蹈家。

每个人心中都有一个自己的舞台。心有多大，舞台就有多大！生活就是为我们提供的一个大舞台，你想成为什么样的人，取决于你对自己生命的规划与定位。如果你首先就把自己的生活目标定得那么卑微，那么平凡，那你也很难获得向更开阔的事业和人生奋进的可能。

一个女人不能仅仅满足于现有的生活，你要明白自己的潜力是无限的，眼前的一切只是束缚你发展的障碍，你要突破自我，突破现有状况，你的目标就决定了你的人生。真正精彩的人生就是不断地挑战，不断地成功。庸庸碌碌的人生并不能彰显价值。

在很大程度上，一个人的目标决定了他能够达到的高度。你对自己有什么样的期望,你的事业、人生就会呈现出什么样的结果。

有人在高山之巅的鹰巢里,抓到了一只幼鹰,他把幼鹰带回家,养在鸡笼里。这只幼鹰和鸡一起啄食、嬉闹和休息,它以为自己就是一只鸡。这只鹰渐渐长大,羽翼丰满了,主人想把它训练成猎鹰,可是由于终日和鸡混在一起,它已经变得和鸡完全一样,根本没有展翅高飞的愿望了。主人试了各种办法,都毫无效果。所以,即使原本是鹰,如果它以鸡的眼光和能力来要求自己,时间长了就会真的失去想飞的冲动和能力。

给自己设定远大的目标,面向这个目标集中精力、聚精会神地努力,这就是成功的关键。

什么样的目标决定什么样的人生。凡有大成就者必先有吞天吐地的野心和远大目标。所以,女人要把目光放长远,努力扩展自己的人生舞台。短浅的目标与狭小的视野,只会限制你的生活向更大空间的延伸。

女人也可以实现"百舸争流,万类霜天竞自由"的宏大志愿,在舞台尽情地展示自己。不要因为舞台的实际大小而让表演有局限性。只要你有理想和信念,你的舞台就会越来越大,观众和支持者也就越来越多。

人生好比一个大舞台,每个人都是主角,同时充当着他人的观众。而你的舞台有多大,你的表演能被多少人接受,就要取决于你的理想和信念。自己有目标,并且有上进心,不停的付诸实践。那么,你人生的舞台的边际将会无止尽,你的观众也将越来越多。

心灵驿站

女人不要甘于平庸,你的人生也可以辉煌而灿烂。即使遭遇坎坷,也不要忘记自己的目标,一颗不甘于平凡的心能让你不断前进。

第四章

做一个笑对职场的女人

我们要认识到危机即是转机，遇到困难，产生压力，一方面可能是自己的能力不足，因此整个问题处理过程，就成为增强自己能力、发展成长重要的机会。

快乐不需要理由

世界各地的研究都表明，当人们被问及一生所获该如何排序时，人都会把对快乐渴求排在第一位，比财富、地位、好工作、名誉都更为重要。对于不同文化背景、种族、宗教、年龄、生活方式的人们而言，这一点却都是相同的。研究也表明快乐是多么重要：快乐的人更长寿，更健康，人际关系更好。实际上，快乐会引领你在生命中各个领域取得更大的成功。

微笑是一朵不会凋零的花，开在四季，赏心悦目；微笑是心底一泓清泉，充盈内心，使内心清澈澄净；微笑是一首精美的小诗，耐人寻味，摄人魂魄；微笑是一种无声的语言，把灿烂写在脸上，把阳光带给人间。

最美丽的女人，莫过于懂得微笑、时常微笑的女人。辛迪·克劳馥说："女人出门若忘了化妆，最好的补救方法就是亮出你的微笑。"确实如此，微笑的女人总让人感觉与她相处如沐春风。常有人问，最吸引男性的女人是什么样的呢？其实未必是最漂亮的那个，但一定是最有女人味的那个，举手投足间有一股淡淡的幽静与柔美。而懂得微笑，是拥有女人味最基本的要素。

作为一名令人羡慕的女白领，要扮演的角色有很多，既要顾及感情、顾及家庭，又不能放弃个人的职业发展。在种种权衡之间，我们会感到疲倦，感到烦躁，感到生活的压力，这种时候，请坚强地抬起头，依旧柔美地微笑吧。只有微笑，才能平复自己的内心；只有微笑，才能让自己重拾勇气；只有微笑，才能得到爱人的疼惜；只有微笑，才能获取对方的尊重。不经意间的一抹淡淡笑意，却能化解仇恨，化解生活的苦楚。聪明的女人，总将微笑时常挂在脸上。时常微笑的女人，心里充满自信和真诚，总是让人感觉到善良的关怀，感觉到美好的爱。

当我们为买不买一双高档皮鞋而烦恼时，那些失去双脚没有机会穿鞋的人会告诉我们什么是快乐；当我们因工作太紧张而郁闷时，那些不得温饱上不起学的乡下孩子会告诉我们什么是快乐；

当我们为干白领而“了无生趣”时，那些蓬头垢面打工几载却讨不到工钱的人会告诉我们什么是快乐！当我们为10万元的年薪而沾沾自喜时，那些年薪百万的“金领”会告诉我们什么是真正的高收入；当我们为30岁被提为处级而洋洋自得时，那些刚过50的总统会告诉我们什么是真正的“官运亨通”。

当我们踏上人生这趟没有回程的旅行，工作就成为我们的宿命：笑着乐着是这一趟，哭着闹着也是这一趟，那就不如笑着乐着吧！劳作忙碌是这一趟，混吃等死也是这一趟，那就不如劳作忙碌吧！奔着跑着是这一趟，坐着不动也是这一趟，那就不如奔着跑着吧！因为奔着跑着总比坐着不动能见到更多的新东西。

人有悲欢离合，月有阴晴圆缺，人生的经历，总是有喜有乐，然而哭泣或者哀愁，能给我们的生活带来什么改变吗？既然泪水不能解决问题，那么就微笑吧。请相信，任何经历，都是人生的财富。不论疼痛抑或伤悲，在迷离错乱中寻找那一抹最温馨的微笑，你的心情一定会有所改观，你的心田会因此而注入新的力量。请相信，微笑会改变生活，微笑会慢慢地改变你的命运。

时常微笑的女人，在老公疲倦的时候，会轻轻递上一杯温茶，暖胃暖心；时常微笑的女人，在孩子顽皮的时候，会笑盈盈地给孩子适度的空间，然后教会他们懂得让物品归位、要考虑他人；时常微笑的女人，即便在生活中遭遇重创，也会把苦楚留存心中，然后坚强地微笑，让关心她的人不为她担心，让爱她的人感到欣慰。

从现在开始，每天早晨起床，对着镜子，发自内心地微笑吧。告诉自己，今天，我会快乐；今天，我会幸福；今天，一定会有美好的事情发生。慢慢地你会发现，你也成了那个让人喜爱让人忍不住亲近的可爱女人。将微笑时常挂在脸上，做最有女人味的女人，聪颖如你，一定会收获满满的幸福。

心灵驿站

送人玫瑰，手遗余香；予人微笑，心存温暖。或许你不经意间的一个微笑就会给他人留下美好的印象，或许你一个淡淡的微笑便给人如浴春风般的温馨。所以不要吝啬自己的微笑，给他人，也给自己。时常将微笑挂在脸上，做一个温暖聪颖的女人。

快乐的女白领惹人爱

快乐的女人在给他人带来愉悦的同时，也给自己带来了一份自信。快乐的女人知道快乐是最好的妆容，快乐是最华丽的衣裳。快乐的女人就好像最美丽的天使、最灿烂的阳光，照亮自己的生活，也照亮旁人的生活。所以说，快乐的女人惹人爱。

谁不希望在烦闷的日子里透一口气？谁不希望在压抑的工作中找到一丝轻松的理由？谁不希望在疲累的竞争后能看到一个乐颠颠的小女人，捧着一碗热茶端到面前？有太多太多的理由，让人们去爱上一个快乐的女人。快乐的女人是可爱而美丽的，快乐的女人是温柔而善良的；快乐的女人是妩媚而有灵气的，快乐的女人也是幸福而潇洒的。

英国王子查尔斯和戴安娜在一起的那些年，他们之间有过共同进出的光鲜，有过轰轰烈烈的激情，但是查尔斯从未说过和戴安娜在一起很快乐。而与此同时，作为王妃的戴安娜也经常郁郁寡欢。戴安娜死后很多年，查尔斯终于跳出来说，他爱的是卡米拉。人们百思不解，这样一个年迈而平凡的女人，甚至说得上略有点长相丑陋，王子爱她什么呢？

查尔斯的答案很简单：跟她在一起，我很快乐。是的，就是这么简单的理由，打败了曾经最美丽的王妃，打败了所有想成为英国王妃的女人。

我们知道，女人大多感性，总会不自觉地给自己的心情涂上点色彩，总会为一点小事、为一句话、为一个被忘记了的承诺而让自己的心变得敏感易怒，让自己的行为变得不可理喻。这个时候，请提醒自己，就算什么都没有了，也要保留快乐，只要还拥有快乐，一切就都会好起来。

所有的浮华、成败、得失，都只不过是过眼烟云。不一定非要等到我们老态龙钟，等到这颗心经历过人世所有的沧桑与悲痛后，才要学会从容与超然。人可以不成功，但不能不快乐。

女人一定要看《红楼梦》，它告诉你天下灵动的女子有多少种。而这百种风情中，你知道现在的男人最喜欢哪一种吗？既不是多愁善感的林黛玉，也不是无情冷艳的薛宝钗，而是那个娇憨可爱的史湘云。为什么呢？因为史湘云能带给人快乐，她的家境不如他人，但她从不抱怨，默默帮家里解围，和大家在一起的时候还是一副乐天派。都说女人如花，这样乐观开朗、爱笑的女人，倒的确是一朵不可多得的好花了。

试想一下，如果你是男人，当你心情不好的时候，旁边有个可爱的小女人，半开玩笑地给你讲个笑话；当你生病的时候，那个快乐的小女人，笑眯眯地为你煎中药，然后乐呵呵地告诉你，吃完就能药到病除；当你落魄的时候，还是那个最最乐天的小女人，她举着小拳头鼓励你，失败没什么大不了，继续努力就能成功。如果你是男人，你会不爱这样的女人吗？

聪明而快乐的女人会在生活中放松自己去寻找久违的浪漫情趣，比如她会在夏天去野外听蛙鸣鸟叫；在春天去山里看草长莺飞；在天高云淡的秋日采摘一片绚丽的枫叶夹进心灵的记事本；在白雪飞扬的冬天带着家人一起打雪仗。快乐的女人，在解放自己心灵的同时，也让身边的人一起感受到快乐与惬意。

快乐的女人惹人爱，快乐是女人一生最大的财富，有了快乐的心也就有了年轻的容颜，也就有了一个幸福的家。生活中有太多的不愉快，事业上的不顺利，婚姻里的不如意等等，使我们身心疲惫。想想人生几何，为什么不能把握每一天的快乐呢？

我们在世界上也许不能留下什么，也许改变不了什么，但我们至少可以改变自己的心情，留下自己的笑声。

正如有人说过："我们不能改变自己的命运，但我们可以改变面对命运的态度。"所以，和大家一起做个众人拾柴火焰高的游戏——大家一起来找快乐的理由。

因为，你的快乐理由也会给大家带来快乐。

心灵驿站

快乐的女人惹人爱，没有人会拒绝一个快乐的女人走进自己的生活，给自己带来快乐。快乐女人懂得宽容，懂得如何去爱，懂得把心放平，把脚踩在实处，这样也找得到了幸福。

快乐胜良医

人体存在快乐物质，"人逢喜事精神爽"，欣赏自然风光时心旷神怡，洗澡后更清新舒畅，我们打哈欠、伸懒腰、扩胸踢腿等活动能使人更舒服，推拿按摩、拍打针灸也能带来快乐。这种快乐感觉就是气感。假如我们用各种方法来强化这种感觉,最后会达到身体轻松舒畅的美妙感觉。

要想彻底除掉病根,除了必要的治疗外,病人本身的心态也很重要。心态乐观,心理就健康,而心理健康又是身体健康的前提。

一位哲人说过:“获得快乐的方法是努力做一些不会直接带给你快乐的事,然后快乐才会降临在你身上。”成功和快乐只属于有这种想法的人,他们不把寻找成功和快乐作为自己的目标,而是争取出色完成一切任务。但对于那些刻意追求快乐的人,结果只会适得其反。

相传有一个年过半百的人身患绝症,四处求医,却未见效。有一个智者告诉他:“你这种病有人能治,但你必须四方游吟,才能引他露面。”于是这个人开始流浪,四处吟唱,唱给富人、穷人、病人、孩子……

数十年过去他从壮年变成老年,成了著名的游吟歌手。他的歌治愈了许多人的顽症,而他却浑然不知,一年一年唱过了百岁。

这天,一个路人问他为什么唱且唱得如此动听,他说:“为了找一个神医,治我的绝症。咳,唱了50多年,可他还没露面。我这病可咋办呀?”

那人说:“巧了,我就是医生。”于是便为他做了全面检查,随后对他说:“你说你都一百多岁了,可身体还这么硬朗,哪有什么病啊?”“难道那个智者骗我不成?”老翁顾不上多想,兴奋地高喊:“我病好了,不用唱了,不用找那个医生了!”第二天,他死了。

戴尔·卡耐基说:人类的悲剧,就是想延长自己的寿命。我们往往只憧憬地平线那端的神奇玫瑰园,而忘了去欣赏今天窗外正在盛开的玫瑰花。

其实,歌唱、给予,在寻找中不停地到达,这就是最好的医生,这就是生命的本质。而停止这一切,死亡之神的脚步就近了。

能使身体快乐的治病的动作和姿势可以来自身体自发的,也可以从武术、气功、健身操、健美操中找到和尝试,我们要多练这些动作和姿势,就有可能出现神奇的治疗效果,就能大病化小,小病化了。

心病还需心药医,情志的改变可以导致疾病,同样的,通过调节情志也可以治疗疾病。我们经常看见因为情志导致疾病的人,不管是用药还是用其他方法治疗效果都不是很理想,通过调节情绪反倒收效颇丰,疗效显著。

此外，心情不好时拿出镜子对着笑笑，连自己都不喜欢的笑容是没法让别人接受并喜欢上。自己的不友善容易让对方对你不友善，反作用力于你。

可以试着对镜子对周围的亲朋好友大声说出|"谢谢"，并从"心"而"笑"。要从自己生活的点点滴滴开始积累好情绪，不要把"烦！""烦死了！""倒霉死了！"等词语当成自己的口头禅，即使事情没有真正地让人烦，说多了不烦的人也烦，不倒霉的人也倒霉了，甚至还会影响周围人的情绪。要提倡把"谢谢！""真美！""太漂亮了！""太好了！"常挂在嘴边，不好的事情经过不断的暗示很多也能够暗示好，并且容易调动周围人的情绪！

平时建议穿戴整齐、舒适、美观，一个人的形象能够反映出自身的气质，与人交往时往往可以从一句赞美的语言开始进行交谈，这样的交流会更轻松，更快乐。

多看对方的优点和他人的闪光点，将会使自己的心灵世界色彩鲜艳，尽量找一些事情让自己开心起来，多赞美人不是坏事，连皇帝都爱听赞美的话，何况我们凡夫俗子？

心灵驿站

生命对于每一个人来说，都只有一次，如何去寻找生命的快乐，那才是生命的意义。其实快乐就在你我身边，如果你觉得想象当中的快乐还未降临，需要等待与追逐，那么你将永远得不到快乐。这个世界不是缺少美，而是缺少发现，快乐也是，重要的是有一颗快乐的心。

想得开就能快乐

人人都希望自己天天开心快乐。但人生十有八九不如意。特别是现代社会,生活节奏加快、竞争激烈,各种压力接踵而来。因此,一个人要想快乐的渡过每一天是很不容易的。但是,只要我们培养出积极的心态,不容易并不是说不可能。

卡耐基说:“心中充满快乐的思想,我们就能快乐。”日本人在追求快乐方面值得借鉴,尽管他们的工作生活很紧张、压力大,但他们很会调整自己的心态,始终保持一份积极向上的思维方式,让自己乐观进取。很多日本人每天早上出门前,都要面对着镜子大声叫:“哈!哈!哈!太棒了,今天一定有很棒的事情出现在我身上!”说完,昂首挺胸,自信、乐观地出门。也许他是去找工作,也许是去上班或去谈生意,总之他这份乐观自信的心情会感染他所接触到的每个人,给对方也传递了一份好心情。实践证明,因为有这种积极的暗示,很棒的事情容易把握,成功的几率也很高。相反,若你无精打采、消极自卑,谁见谁烦,你哪里还有成功的希望?

想得开就是别在意小事,别在意小事就快乐,而生活中大多数的事都是小事。人生中有些事物是不以我们个人意志为转移,想不开也无法改变,与其想不开忧愁烦闷,不如想得开轻松快乐。

乐观不是脱离现实,而是要你从正面去接受现实。但许多人却容易误解乐观的意义,以为乐观就是在发生事情时要漫不经心地去面对。这是不对的,真正的乐观,是要我们从不同角度去看待事情。不论心情好坏,横竖事情都是要解决的,那为什么不选择以乐观的心情去面对?所以,在乐观的生活哲学上、大家随时都保持一颗赤子之心，把所有遇到的挫折、苦难都当做是一种挑战，只要愿意保持着一颗挑战的心，无论发生什么事，都不会有输赢。因为，挑战即是一种学习的心态，肯学的话，无论输赢，都将是种收获。

那么，怎样才能想得开呢？以下四招可以让你遇事想得开：

抛去小"我"天地宽

时下，有的人常哀叹自己"生不逢时"，无缘得到快乐。其实，快乐并不是没有光顾过他，只是他的私心杂念太多，感受不到快乐。在生活中为人处世，以"我"为主，以我的利益为中心，无休止地追求个人利益，稍不如意，极易冲动，甚至不顾后果，做出傻事。这样，往往事与愿违，烦恼丛生。

遇事多看"积极面"

任何事物都有其两面性，这是事物本身所决定的。只是乐观的人是把事物的好处看得多，而悲观的人则是把事物的坏处看得多。

正确归因忌"牛角"

所谓归因，是指事后总结成功或失败的原因。悲观的人总是把成功的原因归结到消极的既不可靠又不稳定的因素，如碰巧了、走运了、瞎猫碰上个死老鼠等；而失败时又把原因归结到不可改变的因素，如我根本就不是那块料、脑子笨、能力差等。这样的人怎么能看到美好的前景和成功的希望呢，因为成功的原因是自己不能控制的运气或巧合，而失败的原因则是固定不变的自己脑子笨、能力差等。所以要想乐观起来，就必须改变上述不理智、不客观，也是不正确的归因论，要把一切事情的主要原因归结到能控制、能改变的因素上来，这样才能看到希望。

解开心结"四放下"

有人说:"放下是福。"只要放得下,就不会戚戚于贫贱、富贵、浮名虚誉和蝇头小利,就不会再为那八竿子打不到的果子耿耿于怀,从而安享心灵的平静与幸福,从而发现快乐其实那么简单。

人生要放下的赘累有许多,主要是四种。一是"财"。钱财乃身外之物,生不带来,死不带去。这尽人皆知。很多人能对"财"掌握分寸,不苛求、不生邪念,但有的人是见钱眼开,不择手段地敛财,总认为越多越好,结果"东窗事发",身陷囹圄,甚至性命不保。二是"名"。人要学会淡泊名利,得意之时淡然,失意之时坦然,随遇而安,知足常乐。三是"情"。很多人能用"情"专一,幸福常在。但也有的人移"情"别恋,为"情"而贪污受贿,为"情"而理智失控,甚至不惜雇凶杀人,身败名裂。四是"愁"。很多人能面对发愁的事,沉着冷静,善于应变。但也有的人愁病愁灾,愁这愁那,什么都想不开、放不下。其实细思量,愁有什么用,只有顺其自然,泰然处之,才是上策。

很多人也认为这只不过是句口头禅而已。就算这真是句口号,只要你用了,就会发现局面随之改观,逆境也变成顺境了。低潮之后就是高潮。当遇到事情时,只要乐观思考再做判断,绝无过不去的道理。所以说,如何从乐观的角度去思考,将是你人生追求目标时的最大利器,而建立豁达乐观的人生哲学,也刻不容缓。

心灵驿站

穷人认为富人比较快乐,因为有享不尽的荣华富贵。富人认为穷人比较快乐,因为没有很沉的包袱而操心。其实,快乐不在贫富,无论穷人富人,想得开就会快乐。

用笑容点缀人生

快乐是现代人成功的标志之一。但成功还有其他方面——财富、权力、荣耀等。当你确定这些成功目标,快乐的心情,快乐的情绪,就是成功的重要因素。

快乐舒畅的心情,当然不一定非要得到。任何真善美的想法和做法,诸如恪尽职守、克己奉公、孝敬老人、护养孤寡、与人为善、博施济众、助弱扶贫、成人之美,都可以使我们如沐春风,舒心惬意,情绪高涨,朝气蓬勃。

感官上的刺激,如美色、美味、美言以及抚爱等等,固然也可以得到快乐,但这种快乐是短暂的,随着刺激的消失,很快就会淡化。只有心灵上的满足,如名誉、荣誉、友谊、爱情、任务的完成、目标的实现等等,才可以给人带来精神上的自由。这种快乐将长期激励我们,焕发出潜在的热情,鼓舞起勇气的双翼,向更新的高度攀登。

快乐会让你产生对追求成就所应具有的深厚感情, 和无限的热情与激情,让你不断地克服困难和战胜困难,因为,任何成功都是一场障碍跳。有多大的成功,就有多大的障碍。成功是付出的结果,这是法则。但是,如果你能快乐地去付出,跳跃障碍就成了让人喜欢的运动或游戏活动。成功的过程就是甜的,而不是苦涩的。成功后会享受更大的快乐果实。

有钱就等于快乐吗?许多穷人都有一种天真的想法:“如果我拥有足够的钱,我将快乐无比!”其实不然。因为,在你的心目中,从来没有播下过快乐的种子。农民想得到种子,就要把自己的种子交给土地。你希望别人给你一个微笑,就必须先付出你的笑容。希望得到爱,就要付出爱。帮助别人，别人就会帮助你。希望别人给你一个亲吻吗？先亲吻别人。希望别人给你钱吗？首先与人分享你的一部分钱。

想想看，如果“依恋”曾阻止美好的事物源源不断地流进你的生活，那么，反过来说，就是与那样东西保持距离，甚至付出你所珍藏的一部分。你付出的往往会重新回到你身边。

常听到人说：“我已经付出一切，却得不到任何回报。”其实，他们并不是在付出，他们是在斤斤计较，这两者是不同的。

为什么有些富有的老守财奴，从来都舍不得付出，却仍然坐拥金山？听过这样的故事吗？“一个爱财如命的吝啬鬼，天天吃面包皮。他死了之后，别人在他床底下发现好几百万元钞票。”难怪你问：“如果有付出才有收获，这个守财奴的故事让我们学到什么教训呢？”

银行存折上的数字，不是计算你是否生活丰富的标准。丰富是指在你生命中流通的东西；丰富是一种交流——支出与收入。如果你在瑞士银行有了一大笔钱，但却分文不动，它就一点也不能让你富有。在法律上，它固然是你的，但在现实生活中，你却不能从中获得任何东西。这笔钱既然不能使你富足，也和属于别人没有什么两样。因此，“付出”与“回报”的原则是仍然适用的。

只要你能平心静气地面对任何突发事件，内心就会更平衡，并且，占据主导地位。只要你认定生命里的某件事是天降横祸，它就会不断给你带来困扰。

譬如，你最近刚离了婚，认为你的人生已经是支离破碎。只要存着这个念头，真实生活也一定就是这样。又譬如，你在50岁的时候被老板解雇，相信自己这辈子风光的日子都过去了。存着这种心态绝对不可能东山再起。

如果你眼中只看见天降横祸，你自然就会横祸缠身。爱人会离开你，老板会找你麻烦，意外也会如影随形地陪伴你，甚至房东也会赶你走，你的生活肯定是永无宁日。总之，所有事件似乎都按照你的估计一一应验。

只要你改变对某种处境的信念，你的新看法就会立刻吸引不同的人和新的机会。

人生就应该是多彩多姿的！每天一大早，鸟儿就用欢唱声迎接晨曦，天真无邪的婴儿不需要任何理由，就可以开怀大笑。看看海豚，看看海边戏浪的狗儿……谁说生命枯燥乏味呢？这本来就是一个快乐活泼的世界。如果你承受了那种“人生不该如此多彩多姿”的想法，你就要重新考虑一下。那不过是一种信念，是可以消除的。

乐观是每一个成功人士的共同之点。因为有了乐观，才使他们勇敢地面对失败与挫折。记住：乐观是快乐的前锋，而快乐可以击退生活中的一切忧郁，并坦然面对挫折，使我们能够用笑容来装饰自己的生活！

人生不是一成不变的故事，平淡的日子也需要快乐来点缀。

心灵驿站

快乐是一位纯洁、公平的天使，只要你乐意接受它，不管你有没有钱，她都会愉快地与你握手。付出的东西，是我们心甘情愿的；收获的东西，则必定是因为我们曾付出过。快快乐乐做个凡人，比那些把钱视作生命的人幸福得多！

做个幽默的女白领

女人应培养幽默感，因为在适当时机加入适度幽默，不但可以化解僵局，也可以消除双方紧张和压力。尤其在职场上，男人免不了说些与时事、两性有关的“荤笑话”，你不必太在意，甚至若你也能在不失分寸的情况下，讲出几个出人意料的笑话，更会令人刮目相看。

幽默能让人放松。每个人都喜欢和有幽默感的人在一起，因为精神上会感觉很轻松。幽默感是一个人的资本，它无须成本，却创造出许多价值。

丘吉尔曾说：“我认为，除非你理解世界上最令人发笑的趣事，否则你便不能解决最为棘手的难题。”在生活中，有很多人对生活的态度严肃得近乎呆板，这当然是一种不可取的态度。我们大家都需要多点笑，少点忧愁，不要把我们自己的不如意事，甚至我们的痛苦看得那么严重。幽默可以消除家庭里的紧张或工作上的危机，可以令人躺在医院病床上时好过些，站在拥挤的电梯里或付款柜台前的长龙里时不觉得难受。只要我们观察一下周围那些精神愉快的人就会发现，他们最为明显的特点就是具备善意的幽默感。让别人开怀大笑，在笑声中展现五彩缤纷的生活，这是消除愤怒的最佳方法。

幽默中渗透着一种坚强的意志，幽默也能展示人的一种乐观豁达的品格。女人娇媚与温柔，是化解冲突最好的良药。当你和办公室同事意见不一致时，切记不要脸红脖子粗，大部分男人都是吃软不吃硬，用甜美笑容和温和语气表示愿意妥协时，对方往往会先软化，甚至可能妥协得比你更彻底。

让我们看看名人是怎样应用他们的幽默的。一次,苏联诗人马雅可夫斯基正在发表演讲,一个矮个子的人走到演讲台上来,指责诗人的演讲有极大的偏见,最后嚷道:“我应当提醒你,拿破仑有一句名言:从伟大到可笑,只有一步之差。”马雅可夫斯基看了看那人同自己的距离,用赞同的口气说:“不错,从伟大到可笑,只有一步之差。”德国诗人歌德在公园里散步,在一条仅能让一个人通行的小路上和一位批评家相遇了。

“我从来不给蠢货让路。”批评家说。“我恰好相反!”歌德说完,笑着退到了路边。

用幽默的话语避免争吵,不仅减轻别人的敌视,也释然了别人带给自己的不愉快,当你的心情不因别人的滋扰而烦恼时,你的心境就如清风明月般悠游自在。当你拥有了这样乐观平和的心态时,无论是身还是心都会健康生长。

幽默不仅能逗人发笑,也是一种睿智。机智是幽默的源头,幽默不仅能化解自己的尴尬,也能展现出自己的智慧。如果你没有幽默感,你也就很可能根本没有任何感觉。幽默,就是有这样一种迷人的魅力,具有一种挡不住的诱惑。那么,当你困苦烦恼时,何不尝试一下幽默的魅力?幽默并非只是讲个笑话,幽默的力量巨大,远远超出我们的想象。一个懂得幽默的人,她生活中的欢笑与甜蜜远远多过其他人。

其实,在越来越崇尚人性化、提倡快乐工作的职场,征服人永远靠的是心。女领导在办公室若能适时幽默,说话风趣,会让下属更爱戴你。

当你以幽默作为人际策略时, 聪明的你会发现成功之途上的绊脚石大大减少,一路绿灯。幽默能让人放松心情,融洽彼此的感情,而且让他人产生愉悦情绪,愿意和你接近。例如,当你和同事发生争执时,一句笑话就可化干戈为玉帛。忙碌的工作间隙,开个无伤大雅的小玩笑,能松弛紧张的神经,也能提升你的人气指数。不过要注意的是,男女对幽默感有着不同的定义,有些笑话比较适合男性讲,有些笑话则适合女性讲,有些笑话则男女都可以讲,这个要细加辨认。

如果你在办公室工作,无论日后是想平步青云,还是想就此默默无闻地过太平日子,幽默都是提升情绪生产力的重要武器,也是作为白领非有不可的情绪装备。只要分清场合、注意对象，用心撰写每天的幽默脚本，就能真正乐在工作中。

在当今社会，大多数人的日子都过得太严肃了。根据一项调查显示，美国的劳动阶级，每天所消耗的阿斯芬灵超过15公吨。当然，生活压力不一定完全来自于工作，新闻媒体24小时不断地疲劳轰炸，也有令人吃不消之感。是由于生活压力大，以至于很多人已经忘记在工作和生活中制造欢笑的重要性，每天只是面无表情地工作、生活，不仅生活过得枯燥乏味，身体也日渐衰竭。

奥斯卡·怀弟说："生命是件严肃得不能再以严肃态度面对的事。"的确，如果生活失去了快乐也就失去了活着的目的，只有那些懂得幽默、能够制造快乐的人才把握住了生活给予我们的赏赐。

心灵驿站

幽默使人既健康又幸福。幽默不只是偶尔开个玩笑而已，它是基本的生活工具，也是我们生活中急切需要的工具。

简单的生活孕育快乐

上天在给人生命的同时，也给了一个空空的行囊。一上路，人们不停地往行囊里塞东西，结果越塞越多，越背越沉，越走越累。于是，疲惫的人开始不停地扔东西。渐渐地，人学会了果断地放弃，学会了清醒地保留，最终学会了简单地生活。

你若问你身边的朋友，绝大多数人都希望自己的生活能够达到“简单并快乐着”的最佳状态，仔细想一想，快乐真的很简单。快乐就存在于你生命中一个不为人注意的瞬间。没有发现快乐的人，是他把目光投向了遥远的空虚，忽视了自己身边的真实存在而已。学会把握生活，把握快乐时光，比苦苦寻找幸福要好得多。

当然，快乐的简单并非因为贫乏或缺少内容，而是繁华过后的一种觉醒，是一个去繁就简的境界。在人的一生中，也会有很多追求、许多的憧憬，追求真理，追求理想的生活，追求刻骨铭心的爱情，追求财富，追求名誉和地位。有追求就会有前进的动力，就会有收获，我们会在不知不觉中拥有很多。这有些是我们必需的，而有些是完全用不着的。那些用不着的东西，除了满足我们的虚荣心外，最大的可能就是成为我们的一种负担。

古人有句话叫“大道至简”，意思就是“越是真理就越是简单的”。的确，古往今来，那些真正健康长寿的人，那些人格高尚，具有爱心，在专业上有所建树，为人类留下精神财富的人，无不生活简朴，思想单纯专一。在世人的眼中，他们看起来也许并不怎么聪明，甚至还有点傻里傻气。实际上他们只不过是大智若愚，自觉淘汰了对他们来说多余的东西罢了！

生活越简单越快乐。这是生活的结论，这是快乐的真谛！著名的美籍华裔数学家陈省身先生有一个很有趣的“数学人生法则”，说数学的一个重要作用就是九九归一，化繁为简。在人生的过程中，往往越是单纯专一的人，就越容易在某一方面取得成功；而那些想法很多，在许多方面都行，都要一试身手的人，则往往终其一生而无所作为。一个人一生的时间是很有限的，即便你健康地活到80岁，只有29200天。这里面起码还除去1/3的时间用于睡眠和其他，加上除去童年、少年和老年的时光，其余你可以利用来做事情的时间只有短短的几千天。在有限的人生中，你不可能做得太多，所以要有选择、有方向地去努力。

捷克作家米兰·昆德拉有一句名言“承受生命之重”，实际上绝大多数人不堪生命之重，因为他们被占有物质财富——好房、名车、高收入、高开销等的欲望折磨得疲惫不堪。其实，物质财富并不像很多人想象的那样重要。事实上，有许许多多的人是在令人难以察觉的绝望状态下生活的。

我们所处的社会环境和文化背景要求我们不断地背负压力。上学的时候，如果孩子成绩全优，家长就会给奖励；工作时，如果员工工作出色，老板就会发给奖金。我们习惯性地去关注一个又一个目标，而常常忽略了眼前的事情，最后，导致终生的盲目追求。

然而一旦目标达成后，我们常把放松的心情解释为快乐。好像事情越难做，成功后的快乐感就越强。不可否认，这种解脱，让我们感到真实的快感，但它绝不等同于“快乐”。它只是“快乐的假象”。这就好比一个人头痛好了之后，他会为头不痛而高兴，这是由于这种喜悦，来自于痛苦的原因。在习惯的支配下，我们对这个嘈杂的世界、混乱的时空没有感到有什么不对劲。也许只有到临终的时候，才会悲哀地发现，自己的一生，原来是这么的不快乐。

简单快乐的过程，就是一个觉醒的过程。大道至简，快乐的人生一定是个去繁就简的人生。那么快乐是什么呢？快乐来源于简单的生活。物质财富只是外在的荣光，真正的快乐来自于发现真实独特的自我，保持心灵的宁静；来自于在平凡简单的生活当中，寻找幸福而有意义的目标。

中国人公认的快乐时刻是“久旱逢甘霖，他乡遇故知，洞房花烛夜，金榜题名时”，这固然是快乐，但毕竟是复杂了一点，其实许多时候快乐就在自己身边，快乐也是十分简单的。

心灵驿站

人生是一场旅途，轻装上阵，一路高歌，生活才会宁静、祥和。简单地生活，就是快乐地生活，而快乐是让生命通向最高境界的动力。

放下就能快乐

法国哲学家伏尔泰说过,“使人疲惫的不是远方的高山,而是鞋里的一粒沙子。”没有人喜欢提着重物走路,却有不少人喜欢带着烦恼生活。

作为平凡的女人,我们难免会被一些事情所困扰,工作上、家庭上、社会上的诸事不公、世事纷争等,都会给我们带来很多无端的烦恼。面对烦恼,有的人郁郁寡欢,甚至借酒消愁;有的人洒脱处之,不为所扰——因为她们拥有把一切“放下”的智慧。

放下,理解容易,做到很难。我们有了功名,就会对功名放不下;有了金钱,就会对金钱放不下;有了爱情,就会对爱情放不下;有了嫉妒,就会对嫉妒放不下。

唯舍去外物的附庸,方有真性情的流露,方能成为自己的主人,这是生活本色的自然呈现。

清心寡欲就会轻松自在,随遇而安就能自得其乐,放下就是解脱。做人若没有复杂的思想,只要简单的智慧,其人生道路就远离了烦恼,获得了快乐。

放下原本只是一句禅语,《禅意与化》中道:放下你的外六尘,内六根、中六识、一直舍去,舍至无可舍去,是汝放生命处。

忙碌的脚步,让人们失去了沉静的本能。物欲横流的今天,数字的多少划分了人与人之间的等次,打破了平衡的宁静。人们躁动不安,努力地寻找提升自身社会等次的机会。不择手段地往上钻,没有台阶就踩着别人的肩膀继续向上,人们变得几乎疯狂。谎言被人崇拜,实话被人遗忘。掩耳盗铃,自欺欺人,是非难辨。

自古以来,“放下”就是一个人们不断探耐的哲理问题。一个永远不想放下的人,是一个沉重的人,人生也不能承受生命之重。一个永远不能放下的人,人生就难有新的收获和新的体验。人们总是喜欢站在高处,却忘了“高处不胜寒”的道理。放下并不意味着放弃。放弃是绝对的,放下是相对的。

放下指的是平淡的心境。当心灵在晨钟暮鼓的洗涤中慢慢被净化时才发现,曾经以为不能放下的东西在不经意间已遗忘了它。一切始于此,又终于此。懂得放下的人。才是懂得生活的人,学会了放下的人,才有可能拥有更为广阔的天空。

有一个人觉得每天不堪生活重负,没有丝毫的快乐可言。于是,他去请教一位德高望重的哲人。哲人把一只竹篓放在他的肩上说:“你背着它上路吧,每走一步都要从路边捡一块石头放在里边,看看是什么感受。”那个人虽然大惑不解,可还是按哲人说的去办了。可刚走了几百步,他就感到背负太重受不了了,因为竹篓里已经装满了沉重的石头。“知道你每天为什么不快乐吗?是因为你背负的东西太沉重了,它已经把你的快乐压抑殆尽了。”哲人从竹篓里一块一块地取着石头说,这块是功名,这块是利禄,这块是小肚鸡肠,这块是斤斤计较。当大半篓石头被扔掉后,那个人背起竹篓走起路来感到从未有过的轻松。

生活原本是有许多快乐的,只是因自己常常自生烦恼而空添了许多愁。自己在努力地追逐着快乐,却又总放不下心中的累赘,把不该看重的事情看得太重,总想放下些什么却总也放不下。每日地尘世穿梭忙碌,每天忙着经营自己的世界,对工作、生活、朋友、亲人等的期望值不断升高,可是到头来却什么也没有改变,什么也没有得到,想想,自己是多么的幼稚与浅薄。

其实快乐是简单的,放下就是快乐,所以要看得开、放得下。若总是把不如意的事记在心里,只会让自己更加不开心。对一些不快乐的事情应坦然面对,波澜不惊;对工作生活中的琐事,要该放手的就放手;对一些恩怨情愁,不再纠缠,不再为自己增加无谓的烦恼。想开了,刹那间感到莫名的轻松,忽然有如释重负的感觉。多少天来的苦闷和烦恼,失落和渺茫,一下子烟消云散了。走出困境,一切是那么的轻松美好,真的放下就是快乐。

时下,许多人成天沉醉于对名利的追求、对金钱的角逐中,何谈快乐?成天陷入对利益的争夺中,为了一丁点利益,就与昔日的好友反目成仇,快乐从何而来?成天心事重重,阴霾不散,拿不起,放不下,快乐又在哪里?总是小肚鸡肠,心胸如豆,鼠目寸光,疑心重重,快乐又何处去寻?

生活真的就像一只竹篓,自己之所以感到背负很沉重,感到生活不快乐,其实是作茧自缚,想快乐,就放下!放下是一种感悟,更是一种心灵的自由。"放下就是快乐"是顿悟之后的豁然开朗,重负顿释的轻松,云开雾散后的阳光灿烂。只要你心无挂牵,什么都看得开、放得下;只要你懂得珍惜现在,多些成熟,少些烦恼,多点深思熟虑,少点后悔遗憾。只要你在人生的追求中能多一份淡泊。少一份名利,多一份真情,少一份世俗;只要你抛弃一些尘世的烦扰,留一份宽阔的空间给心灵安个家:放下你该放手的东西,你便会拥有快乐的人生!

心灵驿站

人生万象,快乐无处不在。烦心的事人人都有,事情办好是快乐;办不好,能随遇而安,也是一种快乐。身体的劳累可以用休息来缓解,但心灵的疲惫却难以消除,所以要努力学会放下。学会放下才能找回真实、简单、轻松快乐的自我。

快乐的女白领要懂得善待自己

要做一个幸福的女白领、快乐的女白领，就要善待自己，把握好自己，在复杂的社会中，留一份清醒；在车水马龙中，留一个角落；在家庭婚姻中，留一份真诚；在事业追捧中，留一份执著；在平淡寻常之中，保存一颗宁静的心。

无论人生面临什么样的际遇，都会有这样两个机会：一个是好机会，一个是坏机会。对那些乐观开朗、心胸旷达、心态积极的人而言，坏机会也会变成好机会，而对那些悲观沮丧、心态一贯消极的人而言，好机会也会变成坏机会。

女人花，风情千百种。然而，有多少女人，在时间面前，在繁杂无望的岁月面前，丢失了这种风情，厌弃了嘴角的甜笑？日子总是在平淡与忙碌中循环往复，逐渐地，越来越多女人不再留意四季变换，却在抬眼处，花红柳绿，物是人非；越来越多的女人不再眷恋青春，如今回首时，年已而立，梦留遗憾；蓦然中，人生走远，终于有一刻静下心来重新打量自己过往的生命，结果却发现自己把自己弄丢在了某年某月某个地点。

一位哲人说过："一个健全的心态，比一百种智慧都更有力量。"心态是我们真正的主人。一个人有什么样的心态，就会有什么样的人生。积极的心态能帮助我们获取健康、幸福和财富，而消极的心态则会使我们一无所有。

要爱别人，首先要学会善待自己，珍爱自己。但在实际生活中，我们往往把所有的爱都给了亲人、爱人、孩子，甚至事业。痴痴的傻傻的女人，付出了青春，付出了美貌，付出了辛勤，往往要到最后才发现，长久以来一直忽略了自己。

其实，爱人和爱己是没有冲突的。好多女人最后总是半无奈半怨恨地说，没办法，太忙了，事情太多了，哪里还顾得了自己？其实是女人自己把自己忘记了，把原本可以平衡好的事情弄得天平失衡。女人的生命是因为很多东西很多内容才变得精彩，情感、追求、享受、悲伤、疼痛、成功与失败……凡此种种，构成了一个完满的圆圈，构成了我们的一生。给时间列张分配表，给生活排张次序栏，抽出哪怕一点点的时间来善待自己，你的生命也会因此而更加具有归属感。

身处逆境而乐观的人，更具有获得成功的潜能。心态主宰着成败，同一件事由具有不同心态的人去做，其结果截然不同。好心态是我们获得成功的无价之宝，拥有了它，我们就会改变自己的命运。

女人善待自己，首先要让自己快乐。不作茧自缚，不自寻烦恼，没有人可以代替你的心情，也没有人可以给你快乐，只有自己才是自己快乐的主人。无论是周折磨难，还是旮旯小事，都不应该造成我们整日愁眉紧锁，嘴角下垂，精神不振。女人只有自己快乐了，才能让周围的人也快乐。豁达生活，容纳他人，理解他人，才能成就自己。

女人善待自己，就要充实自己。把握自己的人生方向，提高自己的学识修养，让心情变得灿烂，做自己喜欢做的事情，永远不停止学习与进取，让自己像一本精装书，可以页页逐读，让自己像一壶陈年酒，日久弥香。这样的女人，即便红颜逝去，依旧魅力不减。

女人善待自己，就要充满自信。自信不是自以为是，也不是自作聪明，自信就是相信自己。拥有知识才学，拥有道德修养，自尊自爱、自立自强。充满自信，不能自卑自贱，也不能自傲自大；充满自信，是不怕磨难挫折，不怕艰辛打击。女人善待自己，就要充满自信，相信一切美好的追求和希望都在彼岸等待。

女人善待自己，就必须懂得均衡好各种角色。现代女人在社会和家庭中，往往身兼数种角色。在工作单位，既是上司的下属，又是下属的上司；在家庭里，既是母亲的女儿，又是丈夫的妻子，还是孩子的母亲。有了不同的对象，于是就有了不同人对女性的不同期待和要求，有了不同的应负责任和义务，如何在不同场景下，自如地转换各种角色，是一门学问，更是一门艺术，均衡好各种角色，不仅使对方悦然，同时也会使自己更完善。这样的女人，让人感到亲切、自然、可爱、可信。

女人的一生是一片百看不厌的风景，一个真正追求生活精彩的女人，会不断充实自己外在的、内在的双重世界，积淀沉实的内在美，也展现舒爽的外在美。善待自己，珍爱自己，更要让别人欣赏自己，赞美自己。幸福女人懂得善待自己，是为他人，也是为自己，善待自己的同时，给了他人空间，也给了自己更多的精彩与希望。

心灵驿站

无论人生面临什么样的际遇，都会有这样两个机会：一个是好机会，一个是坏机会。对那些乐观开朗、心胸旷达、心态积极的人而言，坏机会也会变成好机会，而对那些悲观沮丧、心态一贯消极的人而言，好机会也会变成坏机会。

快乐可以带来好运

快乐天使是一位“魔术大师”。快乐不仅能制造幸运，而且能消除不幸。当然，快乐本身就是一个人人生的最大幸福。每到生日或跨年许愿时，我们都会期待“心想事成”，但一年以后，又有多少愿望被实现呢？

不幸的人不一定不快乐，不快乐的人却是一定不幸的。我们不能保证幸运，但我们可以保证快乐，再细琢磨思考，快乐其实是一个人最大之幸运。不幸的事是不可改变的，如意外的天灾人祸，自然的聚散离合。而不幸的人却是可以改变的，这就是对不幸的事的认识和看法态度；意外的事是不可预料，甚至无法抗拒的，自然的事是必然要发生的。

你常想着不幸，不幸就光顾你。就像镜子中的你，你微笑，镜中的你就一脸灿烂，快乐喜悦。你沮丧，镜中的你就愁眉苦脸，愁云惨雾。也像山谷回音，你如果喊“我恨你”，山谷就回应“我恨你”，你就被恨。如果你喊“我爱你”，山谷就回应“我爱你”，你就被爱。

不幸而能快乐为大幸。许多残废儿童，我们认为很不幸，终生都不幸。可他们认识到不可改变的现状后，就能乐天知命、顺其自然而十分快乐。快乐让不幸转化为幸运了。许多人很幸运，拥有常人羡慕的很多财富、权力、地位、荣耀，但是却不快乐，不快乐让幸运转变为不幸了。不快乐是一个人一生最大的不幸。快乐是一个人一生最大的幸运。

举个最简单、明显的实例吧！努力赚钱，持续增加收入、长期累积财富，这是“好运”；好逸恶劳，慵懒度日，却靠着买彩券中了一次大奖，这是“侥幸”！前者心安理得过了一辈子，还有良好的家教传世；后者很可能因为天外飞来的这笔横财，来得快、去得也快，却没有得到真正的快乐与幸福。“侥幸”只能靠极微妙的几率碰到；“好运”却是可以靠自己的努力创造。“心想事成”的关键及要领虽然很多，但学习起来并不困难。只要从基本的心态开始调整，想象做个幸运的人，还是不幸的人，由你自己决定。这就是选择快乐还是不快乐。选择快乐吧，你就是个幸运最幸运的人。

对一件事或一个人的评价，完全取决于你对事物的看法态度如何。

杰克一直追求着漂亮的玛琳娜，从小腼腆的他从来没有向玛琳娜示爱过，庆幸的是玛琳娜也的确喜欢杰克。在一次相约共进晚餐时，杰克终于鼓足了勇气向自己的爱人表达出了藏在内心深处的爱。当杰克要拥抱玛琳娜时，她可能由于吃惊或者惊喜，不小心把果酱掉在杰克的西裤上，玛琳娜显示出很尴尬的样子。当时的杰克却不以为然的一边继续拥吻玛琳娜,一边说:“没关系,亲爱的,这是你对我的示爱方式,我喜欢!我要把它当做咱们正式确定恋爱关系的见证。”

一顿美好的晚餐结束后,杰克把玛琳娜送到了她家门口,当依依不舍的杰克要告别时,玛琳娜却惊呼自己把钥匙丢在餐厅,杰克暗自庆幸地说:“小事情,我也常常丢钥匙!”其实心里却说:“哦!天呐,我太幸福了,又能和她多待一会儿了!”

三年后,玛琳娜和杰克成了夫妻。几年后,当他们抱着自己的孩子再次和丈夫杰克一起来到从前那个餐厅用餐时,她不小心又把果酱滴在了杰克的西裤上,杰克大声说道:“脏死了!”当走到家门口,杰克让拿着钥匙的妻子开门时,她的钥匙再次丢在餐厅,杰克怒吼道:“笨蛋!该死!”同样的人,同样的事,却存在着不同的态度!由此可见,我们怎样看待别人,完全操纵在自己手中。当你“想要”喜欢一个人时,就可以容忍对方的一切;但是,想要对一个人发脾气时,就会处处挑剔他的毛病。所以说,并非快乐离我们很远——关键在于我们本身如何对待它的态度。很多人喜欢花更多的时间去想过去不愉快的事,而不是曾经给带来快乐的事。

当我们身处安全的环境中的时候,我们往往不知身处在幸运之中,不懂得去珍惜,去把握,以至于在失去之后,才感到不幸的降临,才明白应该去努力争取。当我们将不幸视为幸运时,不幸是成为我们向上攀登的阶梯。

心灵驿站

成功的人,一定很努力;但是,努力的人却不一定成功。成功,属于幸运的人。“好运”和“侥幸”最大的不同是:“好运”只会在积极、努力、乐观的人身上发生,而且可以持续、能够累积;“侥幸”只是突然冒出极稀有的几率,很难继续复制、长期拥有。成功,属于幸运的人。

第五章

女白领职场纵横术

现今的职场，崇尚团体协作，靠孤军备战，把自己逼成一个苦行僧，精神倒是可嘉，却失去了女人的可爱和乐趣。

职场上，要全方位提升信任度

职场女白领就像信用卡一样，都有一个信用额度。如果你有信用、讲规则。就会获得更多的信任，信用额度就会节节上升，你的工作会更加游刃有余；反之，如果你违反了职场规则，破坏了信用值，那么你的信用额度就会相应降低，你在工作中就会掣肘连连。

那么，要怎样维护好职场的信用值，提高自己的信用额度呢？

首先，要赢得同事的信任。同事之间的信任，一般要通过长时间的合作与磨合，甚至要历经一些困厄，才能让同事从你过往的工作表现中，评价你是否是一个值得信任的伙伴。一旦你得到了同事的信任，对你的职场发展会非常有利。要获取工作伙伴的信任，最基础也是最核心的，是从装备个人能力开始。

自信为先。自卑是工作最大的敌人，所以要获取同事的信任，第一件事是寻回自信，让同事们看到你内在的力量。

专业形象。要提升工作的专业形象，不妨先从改变心情开始。保持心静开朗，保持对工作的热爱之情，让人看到你喜欢工作，所以才能那样投入。比如说，你是做室内设计的，在衣着上就要有创意一些，新潮一些，让他人看到你思维的火花，知道你会拿出很多奇思妙想；如果你是公务员，就要穿得端庄一些，等等。

解难智慧。工作上难免会遭到困难与挫折，这时候，如果你半途而废，或逃避不理。将会使工作伙伴对你的看法大打折扣。因此，随时运用你的智慧以及过去累积的工作经验，再加上点点创意或灵感，便能解决工作上的困难。使工作顺利完成。

条理井然。工作时要表现得条理井然,分得清主次、轻重、缓急。懂得抓大放小。在工作时能表现得从容不迫。有条有理,你若能一贯如此,同事就会提升对你的信任值,认为你是一个称职的职业人。

工作表现。取得他人信任最基本的法则。就是上佳的工作表现。多么漂亮的包装,多么会虚张声势,可是工作表现不尽如人意。人家也认为你中看不中用,还谈什么获取别人的信任呢! 所以,对于自己分内的工作,要尽可能做到最完美。同时。要坚定不移地相信自己的能力和潜力,再加上与时俱进学习习惯。就是提升信任和竞争力的方向。

再者,让上司信任你,要想在职场顺风顺水,取得上司的信任是至关重要的。在上司面前要勇于承担工作重任。但是千万不要言过其实。

想要赢得上司信任值,你必须做到以下几点:

不当应声虫。对上司发表的观点,一定的附和是必要的,但是也应有自己的独立见解。如果你毫无主见和个性,只知唯唯诺诺,上司只会当你是一个驯服的工具,会在内心里轻视你,对你只会使用而不会重用,更谈不上信任。

使上司倚重。在市场经济时代,上司需要的是一个得力的左膀右臂,能帮助他完成自己的事业目标,因为他也要向他的上司交代。让上司信任的关键点是让上司觉得不能没有你, 只有你才是他完成任务时最有力的助手,别人难以取代,没有一个上司会喜欢无能平庸的下属。

做人宜圆融。上司最喜欢什么样的下属,一要会做事,二要会做人。如果你在能力出类拔萃的前提下,还很会做人,低调,圆融,懂得上下,知道进退,知道在什么时候该和上司保持距离,什么场合下要捧一捧上司,把花环往上司头上戴,上司也会信任你。

危难见人心。俗话说,患难见真情。上司也会碰到难题,也有迈不过去的坎儿。在上司遭遇事业低谷时。你能在危难之处大显身手,帮上司化解危难,他一定会非常信任你。

第三要赢得下属信任。上司的难点不在于工作任务本身,而在于如何与下属沟通,如何调动起下属的积极性。若无法赢得下属的信赖,一旦下属与你在心理上保持了距离，就会对你产生戒备心理，轻则对你敬而远之，重则对你产生反感或敌意，工作上也不会卖力。上司要取得下属的信赖，一定要注意以下几点：

亲和力。身为新时代的上司，要有亲和力，能以坦率真诚的态度对待下属，这会让下属感到你是尊重他们的，同时也容易消除下属对领导者的心理距离。便于下属了解你的工作作风，便于工作顺利开展。

工作能力。身为领导者，要振得住下属，你必须要有一两样拿得出手的能力，能让他们钦佩敬重。

赏罚分明。每一个女白领都知道，职场从来就没有绝对公平，下属期望的是相对公平。如果作为上司。你能做到奖赏分明，下属就会特别信任你，认为你是一个追求公正公平的领导，是值得信赖的。

宽容之心。宽容、谅解是一个人良好修养的体现，也是取得信赖的条件。如果下属因为一时冲动或由于对上司的不了解而在态度、言行上有所冒犯，上司并没放在心上，主动表示对此予以谅解，能解除对方的心理压力和紧张情绪，他将因你的宽厚而乐意向你靠拢，产生或增强信赖感。也会更加努力，以弥补这个过错。

关心下属。作为上司要多关心下属，经常了解下属的生活情况、思想情绪以及工作中出现的问题。比如说，下属产生了工作情绪，上司要及时疏通；下属怀孕了，上司在平时的工作中就要给予照顾，生了宝宝后，上司要打电话祝贺，并发动员工凑上份子钱。在人情上做足了文章。

心灵驿站

要取得上司对你的信任，最重要的一点就是不要轻易对上司许诺，对自己无法做到的事不要打包票，如果最后事情没有做到，那么上司对你的信任就会大打折扣。

对自己的定位清楚

准确定位在职场中至关重要，只有在确定了自己发展目标的前提下选择的职业才会有可持续发展。许多人往往都处在一种定位不清,目标不明的生涯状态,产生“不知道自己能干什么”、“想从事什么工作”等一系列问题和困惑,更无从得到上司的关注。专家建议,进入职场,首先要对自我有一个清醒的认识,做好明确的职业定位,你的理性、专业、认真的职场形象会给上司一个别样的感受。

“认识你自己”——这是铭刻在希腊圣城德尔斐神殿上的著名箴言,希腊和后来的哲学家喜欢引用它来规劝世人。了解自己比了解别人更重要。如果一个女人连自己都不了解,她又怎能更好地发展自己呢？兵法上讲:“知己知彼,百战不殆。”只有看清楚自己的模样,才能和别人进行对比。不了解自己,即使了解了别人,也没有任何意义,因为你不知道自己的差距和优势,就无法更好地发展自己。

了解自己最重要的是了解自己的优点和缺点。其实,能真正认识到自身优点和缺点的女人并不多。自卑者常常看不到自身的优点和长处,而自负者也很难发现自己的缺点和不足。了解了自身的优点和缺点,我们就掌握了规划职场人生的第一手资料,这是赢得成功的基础。

可能在很多女人看来,工作纯粹是为了赚钱的需要,工作的受益人永远是公司,自己和公司之间也不过是一种利益交换关系,自己只不过是公司赚钱的机器。抱着这样的心理,她来到公司就感觉自己是在出卖自己的劳动力,工作在她那里只不过为了赚钱,每天完成规定的工作量,一到下班时间,第一个消失的也总是她,上班时间就是一种煎熬。

这样的心理会让你觉得痛苦难熬，你的工作情绪也会影响你的工作质量,你每天的“成果”不过是个六十分。日趋激烈的竞争社会中,没有效益的工作就意味着淘汰,因为你不能给公司带来利润。要知道,你的工作也许对于你来说不起眼,可是很多人却在觊觎它。此外,情绪是可以“传播”的,“把工作当苦役”的这种情绪会传染给同事,造成集体效率的降低。久而久之,你的同事会把你定位成一个工作积极性低的人,你在办公室的人气自然而然也就降低了。当然,这一情况也会及时反映到上司那里,你也就成了“被屠宰”的对象,因为公司总不能让“一粒老鼠屎坏了一锅粥”。

相反,一份快乐的心情则会让你工作得更加快乐,工作热情提高了,效率和质量也就高了。一张笑脸是会说话的,通过它你传达给别人的就会是这样的信息:我是快乐的,我很友好,我是个积极向上的人。自然,你的人缘会很好,你会吸引很多同事围绕在你周围,工作中出现的困难和问题就可以依靠大家的力量一起解决了。领导的赏识、职位的晋升也都是不在话下的事。而这样的心态最重要的是让你的个人价值得到了体现。

工作类型是一个选择的问题，而当具体的工作中出现让某些人不满意的时候,女人也不要顾虑太多,如果自己是对的就没必要瞻前顾后。每个女人都在扮演各种不同的角色:工作的女人为公司带来效益,在上司面前她是个爱岗敬业的好员工;回到家,当她脱去身上的职业装,系上围裙做饭的时候,她是个好妻子、好妈妈;周末回爸妈那里为老人捶背时,她是个好女儿。是的,女人在生活里演绎着许多不同身份和角色。

女人一辈子很多情况下都是为这些人忙碌着，也希望让每个人都满意,但不是每一件事都是尽善尽美的,你不必做到让每个人满意,工作中同样如此。

诚然,一个女人生活在一个偌大的社会里,而不是一个人的世界,所谓“众口难调”,你的工作不可能做到让所有人都满意,那么这个时候,你不必因此而觉得歉疚或者不安,只要喜欢自己的工作,不违背自己的工作和为人原则,你不必考虑太多外在的因素。考虑得太多,你只会让自己活得太累。虽然但丁的“走自己的路,让别人去说吧”这句话有点“偏激”,但也不是不无道理的,一个女人做事应该多方面考虑,但顾虑太多,往往是让自己走入了死胡同。

按照通常认为的女性所长将自己归入相应的角色和活动中，如全球商界最引人注目的前50位女强人绝大多数来自业务经营领域,这些方面是女性的擅长;根据职业定位在职场上为自己定下切实可行的目标,做好自己的职业生涯规划。没有其次,你要分析自己的现状,确定自己在哪里,自己拥有哪些资源,更适合在哪个领域的工作。

心灵驿站

认识自己往往比认识别人更难。认识别人,你是站在客观的角度以客观的标准去衡量的；但认识自己却不一样,认识自我受到主观意识的支配,增加了认识的难度。

职场巾帼不让须眉

研究结果表明，畏惧成功的心理对于很多妇女来说是个十分严重的问题,因为很多妇女在成长过程中听说的都是:进取和出人头地不是女性的事。这种说法是偏颇的。

所谓竞争“仅仅是男人的事”,纯属以前凭空想象的无稽之谈。我们所处的社会,总的来说,已经比较能够接受“妇女能够同男人一样取得成就”的看法。妇女正在跻身于成功者之列,逐渐掌握了成功的本领。

我们都知道一些很有成就的妇女，她们摆脱了那种认为竞争与成功“不是女孩子的事”的传统教条的影响。取得很大成就的妇女幼年时期受到的教育同男孩子是一样的。她们受到鼓励去竞争，去表现活跃，去积极地争取好成绩和参加学校组织的各项活动，并且要取胜。

北京电视台举办的“红楼梦中人”选秀活动，让选手们从地方到首都，从海选到最终的决赛。一时间沸沸扬扬，甚为壮观。

央视投资巨大，决定重拍红楼梦，料想导演必定是非凡之人。冯小刚？陈凯歌？都不是，而是第五代导演胡玫。

也许很多人看过电视上对胡玫的采访，因此对她都有印象。一个女人，她的见识，她的魄力，她的能力，能与众多男导演相比吗？

从看过她拍摄的《雍正王朝》到《乔家大院》取得的巨大成功，直到这次她又接受拍摄《红楼梦》的重拍工程，许多人开始转变了对她的看法，开始慢慢佩服起她来。她是一个没有任何炒作，任何宣传，全凭实力获得市场、观众认可的优秀导演。

在男性为主角的世界里，她以她独特的视角，精准的诠释语言，让所有中国影视迷记住了她的名字，并以女性的方式完美地诠释了男人的故事。

胡玫是个有着端庄的神态、优雅的风度、时尚的服饰、不凡的谈吐，魅力十足，谦和之中有一种威严感的女性。无疑，在工作中，她是一个好导演，她有她自己的个人魅力、工作方式以及拍摄理念。在一些严肃的历史剧中，正是由于她的女性视角，使戏中多了一些男性导演忽视的柔情和细腻。

无论是《雍正王朝》还是《汉武大帝》，直到后来的《乔家大院》，胡玫以其霸气、犀利、细腻的笔触塑造了一个个生动的形象，创造了一个个收视高峰。在男人的世界里，她尽情驰骋；在男人的世界里，她的温柔成了最有杀伤力的武器！她不断展现出铿锵玫瑰的迷人风采。

现代女人应该懂得：有没有能力取得成就、成为卓越的人，并不取决于性别。凡是受过必要的训练，付出了成就事业所必需的时间与力气，并且诚心诚意坚持发挥自己最大力量的人，不论男女，都能成为出类拔萃的人。

在小时候的课本中，有花木兰代父从军，巾帼不让须眉的故事。文中我们感受到了一位文静俊美又勇敢无比的完美女英雄，木兰身披战袍，跃马横枪，随同大军跋山涉水，行动迅捷，久战沙场，虽然历经千辛万苦，但是毫不逊色于男儿，对她的敬佩之情油然而生。

很多人认为，社会分工受到男女性别的影响。驰骋沙场应该是男人的事，而女人就应该在家做女红，做一些分量轻的事情。

正是女人在社会角色上的退让，让大多的功劳都归功在男人名下。历史上的名人、智士，能说出名字来的大多是男人，是女人把机会拱手让了出去。即便是如此，也有众多出类拔萃的女性名留青史，如政治上一统江山的武则天，如才华横溢的诗人李清照，如豪气万丈的女侠秋瑾……

于是，我们又发现在这个世界上，除了生孩子，没有什么事情可以用性别来分工。男人能做到的事情，女人同样能做到，甚至比男人们做得更好。

事业，对于今天的女人来说，一样的重要！很多职场中的女性，在一群男性同胞中间毫不逊色，一样可以冲锋陷阵，一样能够指点江山。她们的智慧、她们的胸怀、她们的才情，常常令许多男人都自叹不如。这样的女人很美丽，美在认真的神情，美在忙碌的身影，美在智慧，美在自信，美在独立！

那么，当接受任务的时候，你是会因为自己是女人而退缩，站在男人的身后，还是主动迎上前去，独当一面？当面对失败的时候，你是会为自己是个女人，能力有限而找借口，还是跟男人一起，承担失败后的责任，重新爬起来坚持到底？当获得成就的时候，你是会因为自己是女人而感到格外自豪，还是低调地告诉自己，你不过是干了一件别人能干的事而已？

你需要时刻提醒自己：决定一个人是否成功的，在于她自己的努力，而不是她的性别！

心灵驿站

尽管很多人对女人的能力或多或少有些怀疑，但在工作上，不管别人如何鄙视你，如何不把女人放在眼里，你都要时刻保持自信和做女人的尊严，不要让他们小瞧了你。如今的社会，并不是男人的天下，女人也能顶起半边天。

女白领要学会欣赏自己

女性，源于自信的美丽，会成就她的“天生丽质。之所以这样说是因为先天的遗传基因不能决定她后天的一切。

环境会造就、改变一切，包括她们的审美意识与形态。所以，当你拥有平凡不自信的外表时，请记得学会给自己营造一份有质有量的生活，用后天的行为给自己一份内在的气质，让举手投足间拥有无比的优雅从容，在为人处世中学会豁达与从容，让你自己人格的魅力熠熠生辉，在那些漂亮的女人中间脱颖而出，表现着属于女性的柔媚风韵与内涵，成就你成为男人眼里的精彩，自己生命的亮丽风景线。

一个女人就是一颗珍珠，都散发着独特的光彩。每个女人都有自己的优势、长相，即使没有美丽的外表，你也足美丽的，因为你有自己的优点。美丽的外表可以令人炫目一时，只有深刻的内涵才能让人仰慕一生。我们常常可以听到有人用不屑的语气谈论某个美女说：“只不过长得好看一点罢了。”的确，长相上的美丽是她们的长处，可是内在的魅力却更让人回味。所以，女人要善于发现自己的优点和长处，不要再为自己身上小小的缺陷而耿耿于怀。

一个渔夫从海里捕到一颗大珍珠，他欣喜若狂。可回到家里一看，发现珍珠上有一个小黑点。渔夫觉得很不舒服，他想，如能将小黑点去掉，珍珠将变得完美无缺，成为无价之宝。渔夫便开始去掉黑点，可剥掉一层，黑点仍在，再剥一层，黑点还在，剥到最后，黑点没了，珍珠也不复存在。

在这个世界上，总有许多女人和渔夫一样一味地追求完美无缺，她们往往看到的只是自己的瑕疵，也因此陷入痛苦的深渊而不能自拔。其实世界并不完美，人生是不可能没有遗憾的。生命的可贵之处不在于处处完美，而在于发现美。

的确，美丽可以让你心情愉快，所以追求美丽的外在，是许多人特别是许多女人们无尽的一份渴望。如果没有一副漂亮的脸蛋或者没有一个苗条的身材，那么许多女性就会觉得很自卑。但是，以容貌去取悦别人，那份打动只是暂时的，只有善于发现自己的优点，培养自己的内在美，才可以长期感染他人。

在母亲眼里，自己的孩子永远是最漂亮的。在男人眼里，女人不是因为漂亮才美丽，而是因为可爱才美丽。在孩子眼里，只要能感受母亲安全、温暖的胸怀，再丑的母亲也美丽。

假如自己脸上有一点瑕疵就不敢用阳光般地微笑面对他人；假如就因为手指不如他人修长，就自卑得不肯伸出来与他人有力地握手；那么再美丽的衣裳穿在身上，又怎么能体现出自己的“精、气、神”？又怎么让自己在生命的自然中拥有更多的和谐呢？

是的，每个女人不一定都会得到美丽女神的眷顾，可是，容颜只是你的一部分，或许你还有美好的个性、聪明的大脑、机敏的应变能力……世界上没有一无是处的女人。

宋祖英的“百灵鸟”歌喉就唱遍了中国的大江南北，唱出了国门，唱到了海外。她是东方美的化身，她的歌是艺术王冠上的明珠，她曾获得格莱美提名以及美国肯尼迪艺术金奖，而这两项大奖在民歌界绝无仅有。这位被称为“人民心中的茉莉花”的艺术家，在中国歌坛的地位用“登峰造极”来评价并不为过。然而她自己却说：“其实有很多歌唱家都唱得非常好，每个人都有每个人的优点，我并不是最好的，别人的优点我学不来，但我的长处和优点未必人家能学到。”

当初很多人并不看好她，可是她发挥了自己唱歌的天赋，才有了今天的成就。她并不是和其他明星一样靠着美漂亮的身材和长相进入娱乐界，她是靠她独特的音乐天赋成就了她的今天，她的今天也是一步步唱出来的。

人，总是要不断地超越和自我超越。就像一句非常真知的广告语："没有最好，只有更好！"是的，正因为知道没最好，我们才会谦逊的为了更好不断努力进取着。撒切尔夫人是这样，吴世宏是这样，杨澜是这样，中国女排也是这样，中国女足更是这样！这样的女子自当可以高亢一声："谁说女子不如男！"那么，还有什么样的工作是女人所不能胜任的？

在生命的大舞台上，女人演好自己就足够了，因为你是独一无二的、独立的、与众不同的，你有自己的优点和长处。不要羡慕别人的那一点"美"，也不要一味模仿别人，追随别人，不要邯郸学步，东施效颦，这只会迷失了自己的本性。

心灵驿站

只有让自己完全地快乐起来，让自己学会欣赏自己的灵动与自信，让自己坦然面对所有的不足与缺点，一点点修补自己的缺陷，一点点让自己学会自信地活，自信地过，相信我，你在男人面前，总是最美而又快乐的。并且，将是他永远欣赏的女人！

当职场遭遇女人管理女人

看过的一部美国电影里有这样的一幕：35 岁的画廊女总监和她年轻的接班人为一幅画的摆放位置争执不下，情急之中，女总监脱口而出："你只有22岁，哪知道什么人生！”同为女性的接班人闻言转身，高扬起眉毛一脸防卫地说：“这话什么意思？”——场面顿时有了剑拔弩张的味道。

试想，如果她们中的任何一位换作异性，场面可能大有不同。

俗话说：男女搭配，干活不累。虽然有调侃的味道，但这话不无道理，因为男与女的组合可以取长补短，相得益彰。话虽如此，但现在随着女性越来越多地跻身职场中、高层，女人管理女人的“女人国”渐渐多了起来。不可否认，女人身上不可避免地有一些缺点，如敏感、多疑、善妒等等，使身为女下属或女上司的职场女性，不得不对自己格外多加几个“提醒”。

莫对友情寄望过高

案例：小夏得知自己被调往行政部的时候非常开心，因为行政经理是她的大学同窗，两人情趣相投，小夏本以为和她共事一定轻松。但情形并非如此，昔日的同窗、今日的上司对她完全没有以前那么热情，公事上她言简意赅，小夏有些不很熟悉的环节向她请教，她甚至含糊地一带而过，而下班后她们也各走各的，以前一起去餐厅小坐的情形不复存在。聪明的小夏当然看得出来，同窗这样做，一是想和她保持距离以分清职位高下，以便管理；二是担心也很出色的小夏成为自己的竞争对手。小夏看出了这两点，不再对她们的友情抱有太高期望。

提醒：职场友情固然存在，但在有利益冲突的情况下却常常另当别论。

风头不可太过

案例：雪儿能力强，工作出色，常博得老总赞许，其他同事也不乏赞美之词。不仅如此，她人也长得漂亮，总爱把自己打扮得风采出众，常引得周围一片“惊艳”之声。雪儿的部门主任是位颇有风姿、年近40的女性，雪儿刚进公司的时候，主任对她也很亲切，现在却越来越冷淡了，雪儿一直不明就里，直到有一次……部门全体出动举行年终庆贺，酒桌上雪儿出尽风头，去唱歌时，她当然不放过一展歌喉的好机会，然而就在兴冲冲地要唱第三首歌时,在众人的掌声里,她无意中看到了有点受冷落的女主任,她扭到一边的脸上有着极其明显的不快。在那一刻,她明白了一切。

提醒:喜欢出风头是女人常犯的毛病,虽无大碍,但是最好不要盖过女上司噢。

结交良师益友

案例:单位中常有一些人被称作"大姐",不仅因为年长,还因其有较高的威信和人缘。她们中的很多人行事公正,以身作则,堪为年轻人的榜样。不仅如此,仔细了解会发现,她们在为人处世和持家等方面的生活经验,都值得年轻人学习。有幸遇到这样的女上司,如果可以赢得信任成为朋友,会在事业上和生活中都受益匪浅。

提醒:人人身上都有长处,学会辨识,结交益友,是受益一生的收获。

心灵驿站

不要因为属下是女人就起恻隐之心,怕别人说你心狠,任何情况下都要明确传达指令;切不可显示出优柔寡断的女人气,婆婆妈妈、唠叨琐碎更是身为女性管理者的大忌;以身作则方可为人楷模。

事关上司的秘密要三缄其口

在上司身边工作的白领，如上司的副手、秘书等人，尤其需要注意严守和上司相关的一切秘密，否则不但会破坏上司对你的印象，也可能会让上司工作起来很被动，恼羞成怒之下，最终他会将你打入职场冷宫。

重大机密勿外漏

因为副手、秘书等职位和上司距离比较近，能比其他同事优先知道内部信息，特别是正在筹划中的重大决定和各项举措。倘若你嘴巴不牢，提前透露消息。重则打乱了战略部署，甚至使整个计划全盘皆输；轻则给上司的工作带来各种麻烦，使他没有回旋余地。至少也会招来一大堆闲言碎语。当你接触到需要保密的信息时应讲究原则，守口如瓶，不到正式公布时不多言。多话的人总是麻烦的制造者。也许你无意中的一句话，使上司陷入困境，最后还是会搬起石头砸了自己的脚，自尝苦果。如果被上司认定"重要的事不能告诉他"，这就说明上司已对你完全失去信任。

聪明的白领，要懂得适时管住自己的嘴，成为不该开口就绝不开口的人，这样才能获得上司的信任。另外，上司单独对你透露的信息，也要保密，不要信口雌黄，到处传播，要感谢上司对你的充分依赖，并且要表现出你是值得信赖的素质。

影响上司关系的话要保密

人们在生气的时候容易说出一些在平时根本不可能说的话，有些话还会影响上司的人际关系。作为上司心腹的下属，你若听到了，一定要对这些话保密，不要没头脑地乱传，让双方矛盾激化，把事态扩大。

一个旅游公司出了一场事故，抓行政的副总立即布置召开会议。当秘书通知外联副总时，这个副总烦躁地说："这个时候开什么会，乱弹琴。"显然，这句话的分量是很重的，一旦传给行政副总，一定会产生很不好的效果。可秘书在向行政副总汇报工作时，只是模糊地回答："出了事故，外联副总心情也很沉重，没说什么。"这样一来，行政副总也就不再追问，聪明的秘书就这样巧妙地掩饰过去了。试想，如果把对方在特定的条件下说的话，尤其是一些气话、过头话、牢骚话传来传去，那么后果可想而知。上司也会认为你不机灵，不稳重。

对上司的隐私要保密

有些职业女性，由于职责关系与上司的距离比较近，容易成为上司的心腹。经常和上司打交道，熟知上司的各种言行举止、脾气爱好、行事作风，甚至缺点，这就要求她们务必维护好上司形象，对上司的缺点和隐私加以保密，特别是上司个人生活上和婚姻上的问题，更应该守口如瓶。

有个女秘书，和上司一起去成都出差。早晨敲开上司房间时，看到上司将酒店的白色浴巾扔在地上当垫脚布，这的确是领导素质欠佳的表现，至少说明上司不爱护公物，生活习惯不够好。这个女秘书恰好有点洁癖，回到公司后，将上司的这点不良习惯传得公司上下人人皆知，影响了上司的声誉。上司知道后大为恼火，找个由头炒了她。

对上司的失误要保密

古人说，人非圣贤，孰能无过。不论哪一个人，不可能每一句话，每一个字都说得准确、完整，除非是圣人。如果上司说漏嘴了，说“走火”了，无意中说了伤害别人的话。也是会有的。因此作为下属就不能把无意当有意。把偶尔当经常，把不该当回事的话传出去，更不可抓住上司的一次失误就津津乐道，如果散布面广，肯定会传得面目全非，所以说，对于上司在闲谈中，在非正式场合涉及其他上司的话，聪明的白领会选择沉默、装糊涂以免引起误解。使自己陷入难堪之地。

心灵驿站

要知道，上司的行为是上司的个人行为，你的职业前程是你的，对你来讲，职场前途才是最为重要的，其他的与你无关，切忌不要将两者搅和在一起。

优雅谈吐让你在职场左右逢源

言谈举止是一个人精神面貌的体现。作为女白领，要开朗、热情，让人感觉随和亲切，平易近人，容易接触。

很多女人在社交中总担心没有出众的言谈来打动大家，吸引别人的注意，以至于造成精神上的紧张，使表情、动作都变得十分僵硬，这都是自尊心太强造成的。为了避免这种现象，女人应该学会放松心情，保持自己的既有特点，而不要故意矫揉造作。有的女人在“亮相”时昂首阔步，气势逼人；在跟别人握手时过分用力；跟人谈话时死死盯住对方。这样故作姿态，不仅会令别人感觉难受，连你自己也觉得别扭。

如果一位女性有较好的声音造型，不但发音明亮悦耳、字正腔圆，而且还能随着交际的内容、场景、双方的人际关系的不同，有高低抑扬、快慢急缓、强弱轻重、顿挫断连、明暗虚实等多种变化，其声音就具有强烈的音乐旋律感和迷人的艺术魅力。在交际中，人们使用礼貌用语通常要做到：

有分寸

这是语言得体、有礼貌的首要问题。要做到语言有分寸，必须配合以非语言要素，要在背景知识方面知己知彼，要明确交际的目的，要选择好交际的体式，同时，要注意如何用言辞行动去恰当表现。当然，分寸也包括具体的言辞的分寸。

有礼节

语言的礼节就是寒暄。有五个最常见的礼节语言的惯用形式，它表达了人们交际中的问候、致谢、致歉、告别、回敬这五种礼貌。问候是“您好”，告别是“再见”，致谢是“谢谢”，致歉是“对不起”。回敬是对致谢、致歉的回答，如“没关系”、“不要紧”、“不碍事”之类。

有教养

说话有分寸、讲礼节，内容富于学识，词语雅致，是言语有教养的表现。尊重和谅解别人，是有教养的人的重要表现。尊重别人符合道德和法规的私生活、衣着、摆设、爱好，在别人的确有了缺点时委婉而善意地指出。谅解别人就是在别人不讲礼貌时要视情况加以处理。

有学识

在高度文明的社会里,必然十分重视知识,十分尊重人才。富有学识的人将会受到社会和他人的敬重,而无知无识、不学无术的浅鄙的人将会受到社会和他人的鄙视。

在社交中,谈吐幽默的女人往往取胜,没有幽默感的女人往往会失败。在交际场合,幽默的语言极易迅速打开交际局面,使气氛轻松、活跃、融洽。在出现意见有分歧的难堪场面时,幽默、诙谐更可成为紧张情境中的缓冲剂,使朋友、同事摆脱窘境或消除敌意。此外,幽默、诙谐还用来含蓄地拒绝对方的要求,或进行一种善意的批评。

为了使自己更幽默、更有魅力,平时应多积攒一些妙趣横生的幽默故事。

一般来说自信心强、办事果敢的女人,其语言一定是简洁精炼的。现代化社会节奏快、时间观念强,说话简洁,会给人一种生气勃勃的现代人的感觉,尤其为人推崇。所以,如果想成为一个有魅力的女人,不可忽视了培养自己简洁精炼的言语风格。

啰唆是女人常犯的毛病之一,由此留下了"婆婆妈妈"一词。现代女性要提高自己的语言表达能力,学会简洁、避免啰唆是必过的一关。为了实现这一目的,请参考如下建议:

(1)头脑里要库存一定量的材料。并且临场交际时,要善于选用恰当达意、言简意赅的词语来表达思想。

(2)要抓住重点。说话时,要使语言中心突出、切中要害,不要东拉西扯、言不及义。

(3)要理清思路。说话前,对于自己要表达的思想先要非常清楚,要安排好结构,条理连贯,层次分明;同时注意平定情绪。保持情绪稳定,这是理清思路的一个重要条件。

(4)避免不必要的重复。在谈话中,必要的重复可以强调某一观点或者重要事实。但是,不必要的重复,特别是毫无理由的对同一事实的重复,不仅显得啰唆,而且会使对方感觉枯燥乏味。所以,在与人交流的时候,必须避免不必要的重复。

此外,用词尽量避免单调乏味。不少女人特别爱用某一个词来表达许多意思。不管这个词本身有没有那么多的含义。例如,有的女人喜欢用“伟大”这个词,于是在她的话中,什么都“伟大”了起来:“文章伟大了!”“今天吃一餐伟大的午饭”。“这批货卖了一个伟大的价钱!”

有的女人喜欢用“那个”来代表一切的形容词:“今天那个了!”“他这人很那个,是不是?”“我觉得这个事未免有点那个。”

这一类的毛病,大概由于太偷懒,不肯去动脑筋找一个恰当的词。要多记忆、多运用一些词语,才能生动而恰当地表达你的思想。

比如,在“好”这个概念下,有“精彩”、“优美”、“出色”、“呱呱叫”,以及许多其他的表现方法,不要简单地说:“你是一个好人”,“这个不很好”等等;不妨试着说成:“你是一个善解人意的人”,“这个方案不是很明确”,“这篇文章很有创意”等等。

心灵驿站

不管世事多么复杂,不管产生多么深奥的思想,说到底,就是那么一点或几点经过概括和抽象了的认识。只要抓住了问题的精华、核心和本质,就能提纲挈领,一通百通,产生“片言以居要,一目能传神”的效果。

学学男人的职场处世规则

纵览一下职场，总的说来，男人仍是主力军，许多领域的掌门人依然是男人，想过为什么吗？这是因为男人和女人面对工作时的思维差异所造成的，男人身上有许多和事业相契合的优点。

首先，男人比较有团队观念，顾大局。这与男人理性宏观的思维有关。尤其是那些参军过的男人。因为军队是公认的最佳学习场所。在军队里一切以上司的命令为重，部下在绝大部分情况下唯有服从一途，他们的个性和兴趣在团队大利益面前只能排在最末。因此，对于那些脏乱或麻烦的工作，男人可以很好地忍受下来。

小处着眼，男性在职场目标清晰，非常清楚终点目标的位置，不会偏离跑道，能以阶段性的方式完成各个短期目标，有效且精确地到达终点；女性则倾向同时处理很多方面的事务，包括家庭与事业，希望能同时兼顾所有的事。正因为她们耗费很多心力在各项责任中，因此常感到工作过量，力不从心，承受较大的工作压力。建议女性在工作环境中，先确认首要目标，将焦点集中在首要目标，完成后再逐步进行其他任务。理清工作中的轻重缓急，有助于提升工作绩效，引领你快速到达目标。

不要私下抱怨，工作碰到瓶颈或挫折时，女性习惯私下向朋友与同事表达各种抱怨与烦恼，最后可能全公司的人都知道你的挫折。结果是没有解决原有的困难，却换来团队成员对你的不信任。每个人都会遇到瓶颈，但男性不会向其他同事透露烦恼，也不会表现出自己焦虑的情绪，因为这有助于完成工作。

作为一个女白领，不要期待别人替你解决烦恼。你要设法寻找其他平衡情绪、缓解压力的方法，不要让在公司里的抱怨变成自己的负担。

担负更多责任时，要获得更多权力，女性在企业里多担任副手、军师的角色，天生就乐于分担工作，虽然做的事愈来愈多，却不会主动要求享有更多的职权，以获得升迁的机会。反观男性，他们会在担负更多的责任时，主动要求升迁，在职场中更上一层楼。

在担负更多责任的同时，切勿忘记要求有更多权力，这样不但可以让自己有更大的发挥，也会拥有更多资源，使工作更有效率。

其次，男人比女人刚毅、沉得住气，行事果敢。男性从小就被鼓励做事要勇敢，要勇于表达自己的看法。他们参与各项比赛、运动竞赛等活动，早已习惯竞争和输赢，很多人也了解没有永远的赢家。女性则习惯准备所有的功课，虽然非常细心负责，却不擅长报告，往往是准备一百分，到最后的分数却大打折扣；而男性准备六十分，却常有表达到一百分的成绩。主动出击，赢得注意力。

女性常为了安全感，保守地待在原地，总有一天别人会轻易地夺取你的腹地。女性可训练自己逐步接受风险，不必害怕改变。学习的过程，甚至是失败的经验，都能帮助你承受更大的决策与风险。

由于上司的责骂、同事间的意见冲突、繁重的业务、遭人陷害背黑锅等各种原因，女人常常在职场中倍感孤独，认为自己受到了迫害，此时她们的眼泪想止也止不住，即便不哭脸上也是阴云密布，如此做派全然不像一个成熟的社会人士，上司又怎会将重要的业务交付给你呢？

多数男人恰好相反，在被上司批评责备以后，照样可以保持笑容或处之泰然，即使和同事吵架了，一会儿又说说笑笑，这可以说是肚量，也可以叫做厚脸皮。很多女性却做不到这一点，每次挨完批都伤痕累累，很久都恢复不过来。

女性通常害怕遭到拒绝，所以很难说出自己心里真正的要求。在职场中，当提案遭到主管退回时，对女性而言即代表绝对否定，没有机会，挫折；对男性而言，拒绝却代表了仍有许多其他的可能性，现在遭到拒绝，以后还有机会，可以换个方式再接再厉，根据问题点重新修正提案，总有被接受的机会。因此，女性应该转换自己敏感、脆弱，太过注重人际关系的特点，重新规划生活目标，不断地告诉自己一定要达到目标，想念自己有能力成功，将失败与挫折为下一次机会。

不仅如此，男人们还比较“公私分明”，他们能做到在工作中不掺杂私人感情，若因工作问题挨批，他们只会更加努力来面对和解决问题。在一些不太重要或比较浪费感情的事情上，男人们绝不会花费脑子去研究，更不可能钻牛角尖。

在人际关系的处理方面也是如此。换作女性就不一样了。同事的一个眼神就能影响她们的心情，在被上司斥责的时候第一反应就是上司讨厌自己，轻视自己。女性习惯于把上司单纯针对工作上的斥责，理解成对自己的不信赖，而不是反思问题出在哪里？如果女性能不把“工作出了问题”和“做人比较失败”两者挂上钩，也就不会承受那些没必要的精神压力。

此外，男人们聚在一起乐于谈事。女性恰恰相反，聚在一起少不了要论人是非。说人长短，既给自己的前程埋下了隐形地雷，也十分有损干练端庄的职场形象。所以，要想做一个秀美的职业女性，一定要临摹男人的这些优点，让自己的人生更辉煌，更有光芒！

心灵驿站

职场女白领想要在职场平步青云，取得一番显赫成就，除了努力工作之外，还应多个心眼，随时临摹一下男人的优点。学习男人的工作态度，以及大度、果敢、理性、拿得起放得下的宽阔胸襟。

赞美别人是女白领的必修课

赞美是一件好事,但绝不是一件易事。赞美别人时如不审时度势,不掌握一定的赞美技巧,即使你是真诚的,也很难取得预期的效果。

赞美别人看起来简单,实际上其中蕴藏着一定的学问。赞扬对方的关键,是要实事求是。恰当的赞美,是极有分寸感的。《登徒子好色赋》中说:"增之一分则太长,减之一分则太短,"用到此处,来说明掌握赞扬的"度",也是恰如其分的。

每个人都渴望得到他人的赞美。心理学家研究证明:希望得到尊重和赞美,是人们内心深处最大的愿望。当一个人得到赞美时,他就会意识到自己的潜力,并努力把身体里蕴藏的潜力发挥出来,成为一个成功的人。本书从现实生活出发,阐述了在工作和生活中,如何赞美领导、同事、下属、客户、朋友,异性、家人,以及陌生人的方法与技巧,帮助你轻轻松松学会赞美的艺术,获得成功的人生。

千万别吝啬赞美,你越能提升他们的自信心,他所回报予你的帮助也越大。因此,向男同事讨教,也是换个方式鼓舞男性尊严的好方法。男人好强,喜欢扮演照顾人的角色、为你解决问题,当他们觉得被需要、被敬重,也就乐于对你掏心掏肺。聪明的你请记住:虽然男人照顾不好自己,却都乐于照顾女人。

竖起你的大拇指,把话说到对方心坎上,赞美是人与人相处的最巧妙的方法。它是人际交往中最美的语言,它能让说者增光,听者得意。拥有赞美的习惯,生活变得充满五彩阳光;得到赞美,世界变得更有光彩。

千万不要羞辱别人,因为这样是降低你自己,从人格的角度出发,任何人都无权伤害别人的面子。但是,有些人,当他们站在弱者面前时,却认为自己拥有这种权力,毫无顾忌地对他人指责批评,甚至呵斥羞辱。这种人能得到什么呢?除了一时之快和人际关系的恶化外,什么也得不到。

我们在生活中都是顾及自己的脸面的人。那么,我们也要顾及他人的脸面,要尽可能地减少对他人的伤害,保住他的面子。

在人际交往中,只要维持住双方的面子,则一切争端都有回旋余地;一旦撕破面皮,就极可能转入火星四溅、双方都无力控制的局面。所以,设法保住别人的面子,是人际交往中的头等大事。

赞美是人际交往中最能打动人心的语言。懂得赞美的人,在生活中能够更多地感受到给予他人奋进力量的快乐;得到赞美的人,则能在生命的长河中泛起更多的五彩光波。

赞美是发自内心的欣赏和热爱,是溢于言表的热情和鼓励。赞美是人们心灵深处最执著的渴望,是推动人们前进的不可抗拒的源泉。没有人能抵制住赞美的诱惑,没有人能够轻视赞美的力量。当赞美表现到极致的时候,它可以改变世界,创造奇迹。

赞美能让人更自信,激发人们心灵深处巨大的潜能,创造出非凡的业绩。用赞美来鼓励孩子,孩子会欢腾雀跃,为自己的成绩耐自豪;用赞美来欣赏领导,领导会精神振奋,效率倍增;用赞美来感激父母,父母会满足欣慰,心情愉悦;用赞美来对待恋人,恋人会羞中带俏,笑如桃花。没有赞美,就没有发自内心的开心和快乐;没有赞美,就没有健康和谐的人际交往。

赞扬一个人时,要做到以下几点:

内容上要适度

赞扬一个人,不要乱说一气,任意夸大情节,评价失衡,给小人戴大帽子,那样是难以起到赞扬的正面效应的。你言过其实,对方感觉太离谱,不但不会高兴,还可能感到不安,甚至反感。

方式要适宜

人与人是各不相同的。赞扬要因人而异。不能用同一个型号的衣服，不分大小，见到谁就给谁穿。比如，年龄档次不同，赞扬时语气上也应有所区别。对年轻人应多夸奖，对老年人应多尊敬，对小朋友应多引导。因人施赞，才会“弹无虚发”。

频率要适中

这里的频率，是指相对时期内对一个人赞扬的次数。次数太少，起不到应有作用；次数太多，也会削弱应有的效果。而赞扬的频率是否适中，是以受赞扬者优良行为的进展程度为尺度的。如果被赞扬者的优良行为同赞扬的频率成正比，则说明赞扬的频率是适度的；如果呈现反比的现象，则说明赞扬的频率太高，已经到了“滥施”的程度，谁还会珍惜它呢？

也许是天生的骑士精神作祟，男人无论如何都乐于被女人崇拜和赞美。因此，你千万别放弃男人这不可多得的弱点，当某位男同事表现突出，大方地说出你对他的钦佩与倾慕，会给对方极大的激励和勇气。

心灵驿站

羞辱别人只能自找没趣。有的人把自己的面子看得贵如金，却把别人的面子看得贱如纸。他们为了自显高明，不惜将别人的尊严践踏在脚下。其结果，也不过自取其辱罢了。

面对刁难可以迂回包抄

职场似江湖，有朋友，也不乏小人，小人常会给你制造一些非难，让你陷入困境。这也是那些喜欢过安稳小日子的女性想要避开职场的原因之一。这些非难，常常趁你没有心理准备的时候突然向你袭来。作为职场女性，要想“正当防卫”有很多种办法，但要注意的是不要轻易陷入反击的混战里，尽量采取理智的方法。

弄清真相

胡女士是某电子公司的客服，她已经是第三次接到王先生的投诉电话了，对方认为他们公司的产品有质量缺陷，而且每次态度都很强硬，极不友好，这让胡女士心里很是烦恼，甚至觉得这是王先生故意针对她个人的责难。经过客服经理的点拨，胡女士在第四次与王先生通话时，通过一番技巧性的交谈了解到，王先生对本公司的电子产品并不是很熟悉，加之其职业是质检工作人员，因此对质量与责任人的认定极为苛刻，才引发了前面几次不愉快的通话。

伤害你的人一定有不少理由，如果你想象不出他为何出言不逊，不妨冷静地分析一下。然后找出事情的真相，这样就能摆脱很多无谓的烦恼。

正确分析

刘女士是一家医院的医生，这天下班时，当她正准备进电梯时，突然被一位病人的家属拦住，对方不分青红皂白地对着她乱发脾气一通，让她心里既委屈又莫名其妙。冷静下来后，刘女士认真地调查了一番，得知病人的病情加重并不是她的诊治方案出了差错，是因为某位护士的失职所造成的。刘女士先向病人的家属作了解释，后来又代那位护士致歉，并且还安排了另一位很有经验的护士去照顾病人。这下轮到病人的家属道歉和致谢。

当对方攻击你时，不妨好好地分析一番，哪些话已说全了。哪些部分还没说完。而没有说完部分的潜台词里，往往包含着某些较合理的成分。倘若你能对那些合理部分作出合理的反应，情况往往会变得好很多。

妥善处理

何女士是个身形有些胖的女孩，为此常常受到同事们的奚落。这天大家一起乘电梯，何丽一个人就占了两个人的地方，同事罗女士冷言道："哎哟，电梯估计又要报警了吧！"何女士明白罗女士又在嘲笑自己的体重，心想再如以前那样忍气吞声默不作声是杜绝不了大家的继续伤害的，于是轻描淡写地说道："是啊，我们的食堂也快被某些人吃垮啦！"话毕，几个同事都轻轻笑了起来。原来，每天在公司食堂吃饭时，罗女士总要吃三碗以上，甚至比大部分男同事吃得还多，是公司公认的"大胃王"。

对于实在难以宽恕的侮辱，有效的策略之一是，直率地反击。该进之时，绝不退让。当对方意识到你已注意她时，她是会从你的沉着面前后退一步的。

此外，嫉妒，是一种女性特有的不健康的心态，是一柄内外双刃的剑，挥舞起来既伤害别人，也伤害自己。因此，我们一方面要克服嫉妒的心态，另一方面，要努力避开别人嫉妒的伤害。

为了努力避开嫉妒的暗箭，我们可以采取以下几点策略：

(1)弱化嫉妒。一个天生丽质或才干出众的女人，本来就令人羡慕，若锋芒毕露、咄咄逼人，嫉妒的人就增加了，更容易使自己成为注目的对象。因此，不如对自己来些调侃、揶揄，或自我嘲讽，并在一些不重要的场合故意给同事一些溢美之词，以此削弱对方的嫉妒心。

(2)融化嫉妒。对嫉妒的人，不必针锋相对，因为她嫉妒你，你就比她强。所以，你完全可以宽容大度，与之友好相处，并给予她尽可能的关心和帮助，在一定程度上可以化解一部分嫉妒心理。

(3)淡化嫉妒。对于妒火过盛者，无论你如何宽容友好，恐怕也无济于事。在这种情况下，最好的办法是不加理睬。"无言是最大的蔑视"，如果站出来辩解，对这种人只会起火上浇油的作用。所以，对无法消除的嫉妒，不加理睬，让嫉妒者自己去折腾。

嫉妒的产生也是有它的规律性的，掌握嫉妒的特点和规律，能更好地预防、利用和化解嫉妒。

(4)要学会谅解。这天一上班，助理岳女士便被经理叫进了办公室，还没弄清状况，就被经理劈头盖脸地训斥了一番。出了办公室的门，岳女士心里觉得十分憋屈，近来自己对工作既认真又负责，并没有出现差错，为什么经理会如此对自己呢？这时公司的"灵通王"魏女士走过来，压低声音对岳女士说："别伤心了！你们经理这几天正在闹离婚，肯定心情不好，你就别太往心里去了。"听完魏女士的话，岳女士恍然大悟，心里的气也随之消散了。

心灵驿站

在自己受到莫名责难时，要学会谅解：一是要懂得，世界上总有人想靠伤害别人悦己；二要明白，多想想那些人的难处、长处和可怜无奈之处，这样便会消气。

第六章

做写字楼里的高手

身处日新月异的科技世界，不进则退。现代女性明白这点，所以她们不断自我充实，提升自我的知识和技能。她也许没有天生的优势，但绝对相信后天的创造。

勇敢的展示自己

无论在繁华热闹的大都市，还是偏僻落后的小县城，很多女人总有这样的观念："女人没必要那么要强，趁着年轻漂亮找个好婆家。女人干得好不如嫁得好！"

当然，也有不同的观点："女人也要有自己的人生理想和远大抱负。没有工作和经济基础的女人，用什么来保证自己一辈子的幸福不褪色？"

多少年来，许多妇女似乎已经习惯于与人无争、与世无争的传统生活方式，习惯于社会对她们的种种不公正的待遇。在许多妇女看来，只要按照传统的生活方式来塑造自己，社会和家庭就会对自己进行容忍和照顾，就可以很好地生活下去。许多妇女认为，个人幸福与否，取决于丈夫和孩子；而妇女的进一步解放，则取决于社会政策。倘若不是唾手可得，便怨天尤人，把罪过归结于做女人的命运。

但是，社会现代化的发展向传统女性的平静生活提出了挑战。

在美国，许多妇女都把自己的事业目标定得很高，而且，越来越多的人雄心勃勃。美国一位经济学家评论说："当今在美国有一大批女强人正沿着大企业的阶梯一级一级地往上爬。她们之所以能够攀上高位，并不是依赖家庭关系，而是凭仗自己的能力。"

很多聪明的现代中国女性，也纷纷突破了妇女的传统领域，一跃登上了由男性统治的商品经济舞台。她们和成功的男性一样，在激烈的竞争中表现出了自己卓越的才能和优秀的素质。

每个女人都应该清醒地意识到，现代社会的竞争是人们相互之间的实力较量，如果女性不能适应社会对人的能力要求，社会是不会照顾和迁就我们的。

美国有句谚语，叫做“闪电决不会在同一地方落两次”，比喻机会决不会在同一时间同一地点反复出现。中国也有句古话，叫做“机不可失，时不再来”，劝喻世人珍惜每一次机会。

总体上来说，女人普遍具有温柔、细腻的性格；感知能力较强，形象记忆较好，想象力较为丰富；尤其在语言能力上比男生更具优势，在阅读、手工制作等方面也比男生略高一筹。女白领的优势对于外企来说，主要是在语言方面，其次是女性做具体的工作会比较周到。在处理问题上，比较讲究方式方法，在与人沟通上有优势。女性性格随和容易与外企这种跨文化的环境融合。

另外，机会对于每一个人都是均等的。所不同的是，聪明的人能够发现机会，果断的人能够抓住机会，勇敢的人能把握机会变成成功；而愚昧的人总是不能发现机会，迟疑的人总会坐失良机，怯懦的人则不敢将机会变成胜利的果实。

为了把握更多的机会，最大限度地实现自我价值，现代女性一定要有敢想敢干的精神。

要克服害羞心理，几乎每个女人都想使自己聪明，都怕在众人面前出丑。这似乎是决然对立的两件事：聪明人决不会出丑，出丑的人必然是笨蛋。然而，实际生活并非如此。最聪明的女人有时简直如一个大傻瓜，她们当众出丑，却若无其事，她们被人嗤笑却自得其乐。然而，她们却是因为这样变得越来越聪明和能干起来了。

聪明是令人羡慕的，出丑总使人感到难堪。但是聪明是无数次出丑中练就的。不敢出丑的女人，就不会变得更聪明。

生活中有些女人由于不愿成为初学者，就总是拒绝学习新东西。她们因为害怕“出丑”，宁愿闭塞自己的机会，限制自己的乐趣，禁锢自己的生活。若要改变一下自己的生活位置，总要冒出丑的风险。除非你决心在一个地方、一个水平上“钉死”了。

不要总是担心出丑，否则你就很难取得进步。而且，更重要的是，你同样不会心绪平静、生活舒畅。你会受到囿于静止的生活而又时时渴望变化的愿望的痛苦煎熬。

我们也许应该记住这一点，由于我们害怕出丑，也许会失去许多生活机会，因而长久地感到后悔。而且，我们也应该记住法国一句谚语："一个从不出丑的人，并不是一个他自己想象的聪明人。"

对于传统的中国女人来说，吃苦耐劳、善良贤惠、善解人意固然是美德，但是在这个复杂的竞争激烈的社会，弱肉强食的故事频频上演。不管你是男性，还是女性，仅仅有品位、守规矩不足以让你成功，有能力、懂方法才能站得住脚。

事实上，大多数中国女人已不满足于做个贤妻良母，所谓"三从四德"已不是好女人的评价标准，那样的女性常常被称作"过时的女人"。但仍有很多善良、柔弱的女人还停留在传统的观念中。她们习惯性地认为女人天生就成不了大事，牢记着"凡事忍让"、"吃亏是福"的古训，因而处处委曲求全、逆来顺受。直到她们发现再大的付出也不能换来自己想要的幸福时，她们才感到后悔莫及。

幸福不是上天恩赐或者坐着等来的。女人能否拥有幸福，决定权就在你自己的手里。

现在，是女人们改变自己陈旧思维的时候了，是在这个开放的社会证明自己能力的时候了，是依靠自己过自己想要的生活的时候了！

不要胆怯，不要逃避，更不要害怕，别人拥有的一切，你照样可以拥有。勇敢的展示自己的能力，和对手公平竞争，争取过上自己理想中的幸福生活，这才是你应该做的。

心灵驿站

女人可以生得不漂亮，但是一定要活得漂亮。活得漂亮，就是要活出一种精神、一种品位、一种至真至情的精彩。女人只要不自我放弃，没有谁可以阻碍你的进步。

职场美女，靠能力不靠脸蛋

爱美之心，人皆有之。美丽的容貌，的确能够帮助职场女性顺利走向成功。无论职场多么硝烟弥漫，无论竞争多么刀光剑影，许多男上司、男同事、男客户仍然都会对自己身边的美女另眼相看。

作为职场美女来说，她们有着得天独厚的优势，但也有着无可奈何的尴尬。当她们事业有成的时候，人们总是将她们的成功归功于她们的容貌，她们特有的工作能力和业绩，往往会因为长得美丽而大打折扣。

某报曾经做过一次关于"美女与才女，你选择谁"的问卷调查。为了使调查结果能够更准确地反映现实状况，问卷对"美女"和"才女"作了最基本的界定：美女——相貌出众，才智平平；才女——才智过人，相貌平平。调查结果表明，在私人领域，美女比才女更受欢迎，绝大部分的男人还是比较喜欢美女的。但在公共领域，才女的优势明显强于美女。对"美女与才女在职场竞争中，谁更具优势？"的问题，过半的票数投给了"才女"；在"假设你是商界老总，需要带一名助手赴外地签一份重要合同，其间该助手要独立承担谈判任务，并陪同你出席酒会应酬，你是带美女还是才女？"这一情景题中，54.8%的票数选择了"才女"。

职场美女是比一般人多一些发展机遇。成功没有机遇不行，但有机遇，没有实力就更不行。漂亮的女人是不是可以放弃其他方面的努力呢？不漂亮的女人是不是要放弃对成功的追求呢？事实绝非如此。

美丽是一种优势，如果没有很好的心智，没有正确处理好漂亮与能力的关系，漂亮也会变成劣势。某国有大企业的白领小雅，从小天生丽质，学生时代就声名远扬，追逐者众。进入职场后，她炫耀卖弄，盛气凌人，老子天下第一，给周围那些相貌平平或丑陋的同性造成心理压力，使这些人自惭形秽，产生劣等感和嫉妒心，于是大家联合起来刁难她，孤立她，她很快就败下阵来。像这样的漂亮女人连自立都很难，怎么能成功呢？

因此，貌美不是你炫耀的资本。职场美女首先应该是个职业人，抛开男女特有的性别特质，任何企业都需要忠诚、勤奋、创新、善于合作的员工。一个完全意义上的职场美女，应该在才艺、德行和外貌三方面构架自己的整体美。为此，职场女士应该注意以下几个方面的修养：

切忌炫耀卖弄盛气凌人

漂亮女性更应该尊重周围的女性，不在她们面前多谈容貌问题，更不要炫耀卖弄自己的姿质。要尽量避免故意当着其他女性的面招引男性的赞美。漂亮女性只要举止大方，待人谦虚得体、有礼貌，貌美才会给学习、工作和生活带来诸多便利。

与异性交往要有分寸

通常，漂亮女性的交际活动比较多，交往范围也比较广，而且多半是异性之间的交往。漂亮女性在交往中的确容易润滑人际关系，能够提高办事效率，但漂亮女性如果不持严肃的态度，行为暧昧，甚至别有用心玩弄他人感情，必然会受到别人的非议和指责，给自己带来烦恼。所以，在与异性交往中，漂亮女性要大方、严谨、适度，使人感觉你既漂亮又不轻浮，对你既喜欢又尊重。

不要给人“花瓶”印象

美女天生就有优越感，工作生活处处受到特殊的照顾，哪怕是犯了错误也是“美丽”的错误，容易造成各方面能力退化。职场美女除了适当地展现女性温柔的一面外，还要尽力展示你理性坚强的一面。要让你的男上司、男同事、男客户明白，你除了美丽，还有聪明的大脑和胜任工作的能力。

提高内在修养，力求表里如一

由于社会知觉中的成见效应影响，许多人对漂亮女性存有种种偏见，其中之一就是认为漂亮女性多数是金玉其外，败絮其中。另外，从认知心理规律来看，反差越大、对比性越强的事物越容易引起人们的注意。漂亮女性身上的缺点如同白纸上的污点，非常显眼，缺点很容易被放大。这就要求漂亮女性应比一般人有更高的自我要求，尤其是应注重提高自己知识、能力、道德品质等方面的内在修养，力求表里如一。

心灵驿站

能力是任何单位衡量一个员工是否合格的主要因素，有些职位（比如前台接待等）可能会有形象的要求，但绝对取代不了专业素质和个人能力。能力是知识、阅历、经验等多种因素锻造出来的，需要很深的功底和内涵，这与漂不漂亮似乎关系不大。

与异性搭档有玄机

随着时代的发展，两性的工作交流非常频繁，实在不能再以男女授受不亲的老观念来衡量。两性总是要交流的，而且两性共事应该有助于工作效率的提高，所以两性间绝不能采取隔离策略。即使已婚，也不表示要和异性保持距离，以免犯忌。过分拒绝和异性相处，不仅不像个现代女性，更可能妨碍职场角色的扮演。所以，必须找出好办法使两性相处有利无害。

一个人如果注意吸取他人的长处，就可以从每个工作伙伴身上学到不同的有助于自己发展的长处。平时注意观察他人长处，不计较他人短处的人，会觉得同事之间好相处。

在同事之间，男女关系其实是很敏感的。如果某一位男同事被认为和某一位女同事走得很近，其他的女同事就会自动地疏远他。

但是，事实究竟如何只有当事人才知道。周围的人往往喜欢捕风捉影，有一点风吹草动就四处张扬。这一类传言大都是往坏处想，多少含有恶意。

对周围的人而言，可是又妒又羡的。如果当事人因为这种事而觉得很难为情，拼命地向别人解释，那反而更引起别人的兴趣，使得整件事越描越黑。或许有些当事人很喜欢这一类的绯闻，自己也出面说得天花乱坠，这样反而让别人妒火中烧，愈发恶意中伤。

物以类聚，人以群分。既是同事、朋友，就有共同语言、互有好感的人，如果你没有意思将这种关系发展为恋情，就应当将感情投入限制在友谊的范围内，即使很有好感，也不应表露出来。如果对方射来丘比特之箭，也应明智地将其化解。千万不要给对方以默许和鼓励。

对异性采取大方、不轻浮的态度,是同异性工作交往中一个很重要的原则。其中包括行为和言语两方面。以尊重对方是异性工作伙伴的关系来处理办公室中的一些事务,将会使某些复杂的事物变得简单一些。千万不要将办公室的异性关系处理成类似恋爱关系所期望的那种结果,也不要与某个异性发展成比之其他异性更为亲密的关系。

许多女人往往认为男同事应该豪迈大方,有男子气概,所以一旦遇到男同事焦躁不安、借题发挥的情景,就会感到十分惊讶,并可能认为他是一位心胸狭窄的人。这种想法是错误的。因为一个对工作十分努力、殚精竭虑的人。如果没有达到理想的目标,比如眼看可以签订正式合同却在商谈中失败时,往往会很颓丧,感到懊恼。有些年轻男士遇到这种情况,常会把苦闷、懊恼发泄出来,以求得心理上的平衡。在这种情况下,作为同事的你,一定要表示你的理解和关心,只有这样做,才会改进和完善同男同事之间的人际关系。

作为职业女性,最重要的是要注意,一定不要伤害男同事的自尊心。这并不是要你向男士拍马屁,但你一定要明白,男人总是自信天下第一、无所不知、无所不能。这种自尊心实际非常脆弱,一旦女人威胁到他的存在,便会产生抗衡心理。所以,你若想在男性为主体的职场站稳脚跟。就必须懂得在适当的时候维护一下他们的自尊,并夸奖他们一两句。但要记住:这种夸奖要有分寸,否则别人可能误会你对他有意,而令你们尴尬。

在职场中,在异性同事之间,应注意保持恰当距离。对异性采取稳重的态度是同异性工作交往中一个要点。这个要点包括行为和言语两个方面。以尊重对方是异性同事的关系来处理工作中的一些事务,会使一些复杂的事物变得简单。在职场,女白领常常需要和异性搭档完成许多工作,这种时候,需要注意分寸,坚守以下原则。

(1)工作没有性别,不要在做任何工作时都把性别摆在第一位。工作好坏才是真正衡量一个人价值的标准,提高专业技能会帮你赢得尊敬。

(2)不要在别人面前评价你的搭档,而且不要在另一位你认为很好的异性面前说“我不愿意跟他合作”。

(3)平等接触。遇到没有多少工作经验的异性搭档时不要流露出盛气凌人的姿态,遇到比你强的异性搭档时更不要表现出谄媚。

(4)不能存在撒娇意识,在公司的男性毕竟是同事,都存在工作利益问题,因此不要过分依赖。

(5)与异性搭档时要善于沟通,最好能主动提出你的观点与计划。

须知不能将同事中的异性关系处理成复杂关系，也不要发展成比其他女同事更为亲密的关系。在私人空间里是另一回事,但在办公室工作场所内要保持两性间的距离。

男女同事中总会有互有好感的双方，如果没有将这种关系发展为恋情的意愿,就应当限制在友谊的范围内。如果一方表白了,也要明智处理,不要给一方以默许。

心灵驿站

因为是异性，对很多事物的看法普遍有很多分歧。如果你是在异性面前很虚心的人,你会发现你在异性中备受宠爱。因为多数人对异性没有排斥感,而且喜欢帮助异性工作伙伴,他们把这个看作是同事中成就感的一个标志。人人都希望被异性重视、仰慕。

贵人是你“乘凉”的大树

俗话说：“背靠大树好乘凉。”他人的一次相携很可能大大缩短自己麻雀变凤凰的时间。有一些女孩事业发展不顺。就抱怨自己命运不济，没有遇见贵人。在她们眼里，遇见贵人的概率无异于在大街上捡到一百万。事实并非如此。

有研究表明：不管你身处何处，你和这个世界上任何一个人之间，都只隔着6个人。无论那第6个人离你有多远，至少，在这条关系链中的第2个人，你是认识的。这个人或许是你的父母，或许是你的大学同学，或许是你的客户，也可能就是办公室每天帮你抹桌子做清洁的阿姨……所以，机遇和贵人都不是天上掉下来的，重要的是建立起自己的人脉，为自己种下一棵枝繁叶茂的“贵人树”。

有人说，“三十岁以前靠专业赚钱，三十岁以后拿人脉赚钱”，可见人脉的重要性。在关于哪类因素对职业生涯影响最大的调查问题中，“个人能力”被大家公认为第一要素；其次有30.77%的受访者认为机遇起着决定性的作用。人脉关系的因素被排在了第三位，有17.35%的受访者感受到了人脉的重要性。其实这三样并不矛盾，往往具有累积加倍的功效。如果你有能力，而且在能力之外还有良好的人际关系、人脉优势，那么结果往往是一分耕耘，数倍的收获。

贵人意味着机会，意味着提速，他们会带领你超越原有的地位，取得梦寐以求的成功。对于奥美公共关系国际集团（中国）副总监付璟来说。也是如此。当初在大学，学习优秀的她并不太善于处理人际关系，工作之后，看到别的女孩长袖善舞，八面玲珑，心里总是充满了羡慕，不明白她们的生命中为何会有那样多的贵人相助。后来，当她做上公关这一行，才发现，所谓的贵人，并不一定是指那些有权有势的大腕们，也许，在常人眼中极为普通的一个人，就是你生命中的贵人。

贵人如树。而且他们也许就在你的身边。这棵树必须由你的双手精心培植。

老同学兼好朋友。老同学兼好朋友当然是你在职场里最值得信赖和依靠的首选对象。在毫无利益冲突的校园里结下的友谊，永远都比踏上社会后的朋友更弥足珍贵。当你遭遇职场困顿时，找他们倾诉或者帮助，既安全又可靠。而且，彼此知根知底，他们在帮你挑选新公司的时候。有着比别人更精确的优势!

前同事及上司。只要你们合作得愉快，当初没有结下什么积怨或是深仇大恨，那么，他们会是你在职场上摸爬滚打的护航人。前同事比你早一步离开公司，在各自不同的新环境里谋求发展。想跳槽时，和他们聊聊，有助于你更清楚地了解外面的大形势。作出正确的分析判断。而一个曾经十分赏识你的好上司，更可能直接给你带来一份全新的、愉快的、容易上手的工作。

亲人们。别以为出门在外，就只有朋友才帮得上你的忙。其实，永远在关心你并不求回报的人，总是那些站在你身后、看着你成长的亲人们。他们也许没有显赫的职位，但几十年摸爬滚打，让他们在职场上多多少少建立起了一些有用的人脉。找不到贵人的时候，回头看看他们吧。说不定，你的贵人就在被你忽略的背后。

有的女性认为自己工作圈子狭小。亲友和同事的数量有限，所以交不到贵人。可是，你想过没有，工作之外，你还可以主动参与一些社交活动，这样，你可以给自己很多结识贵人的机会。

想与贵人结识的渠道有很多，有调查显示，公司的业务往来是最易结识贵人的途径。其次是单位的活动（年会、公司培训）和个人充电培训，这两项的得票率分别为15.44%和15.23%；另外沙龙聚会也被认为是可以考虑的方法，得票率占了10.63%。

有人说，贵人缘本来就是可遇而不可求的，当机遇到来的时候自然就会有贵人缘。这样的想法多少带有消极色彩，机遇不会光顾没有准备的人，要想贵人能够出贵言和贵力，至少得让贵人发现你，认为你值得帮助，是可塑之才，而非朽木一个。如果别人根本不知道你需要帮助，值得帮助，又何来机遇结识贵人呢？

有人认为在任何时候都可以结识贵人，结识贵人的几率并不受场合的限制，而是看个人的交往能力与沟通能力。还有人提出贵人就是自己，善对别人，也就是善对自己。平时能够处处与人方便，尽可能地帮助别人，把握每一个帮助别人的机会，那么同样别人也会在自己需要帮助的时候出手相助，因为施比受更有福。

使自己强大的方式基本上有两种：一种是增加自身的知识、能力、金钱、权力等等；另一种是增加自己的朋友，特别是增加那些有知识、能力、金钱及权力的朋友。前者通过自身力量的增长导致自己强大，后者通过借用周围人的力量使自己强大。一般地讲，强者更加注重前一种，弱者更加喜欢后一种，而智者两种方式都擅长。

心灵驿站

每个身在职场的女白领，在你上升的每一个阶段都会有贵人相助，只不过自己没有觉得而已，师长、上司、前辈轻轻一点拨，从此就飞黄腾达。其实生活中是不缺贵人的，他们可能就是朋友，同事，抑或是仅仅萍水相逢的人。

充满理想　成就自我

人生是对理想的追求，理想是人生的指示灯，失去了这灯的作用，就会失去生活的勇气。因此，只有坚持远大的人生理想，才不会在生活的海洋中迷失方向。托尔斯泰将人生的理想分成一辈子的理想，一个阶段的理想，一年的理想，一个月的理想，甚至一天、一小时、一分钟的理想。

职场中有这样一些女性，领到工资的那天总是格外高兴，可谓是"神采飞扬"，可第二天便愁眉苦脸，因为新的一个月的工作又开始了。工作对于她们来说就是一种煎熬，薪水才是最亲切的。她们的观点是：我这是在为公司干活，为老板干活。于是她们的生活就是这样轮回着：拿薪水，然后茫然地去上班、下班，等待下一个月发薪日的到来……

在每个人的心中，都有一个美好的理想，都希望长大后能实现这个理想，俗话说："理想是人生的导航！"或许，世界上大多数女人都在为薪水匆匆忙忙地工作，在琐碎的事情中消磨着时光，不曾想过还有更重要的事情在等着她们。她们没有深入地思考过：你到底是为谁而工作？为薪水、为公司而工作，你只会机械地完成你的任务，形如一台机器，工作起来毫无激情，也找不到更大的发展空间。如果你能为自己而工作，你就会在工作中发现乐趣和动力，也能从你的工作中学到很多。

有一位哲人说过："梦里走了许多路，醒来还是在床上。"它形象地告诉我们一个道理：人不能躺在梦幻式的理想中生活。是的，人不仅要有理想，还要大胆幻想，但更要努力去做，如果在理想中躺着等待新的开始，不仅遥遥无期，而且连已经拥有的也会失去。

谭女士出生在大别山农村，家中一贫如洗，只受过很短的学校教育。17岁时，她就和同村的姑娘们南下深圳，在一个服装厂打工。然而她并不甘于就这样一辈子靠打工挣钱，怀揣梦想的她无时无刻不在寻找着发展的机遇。半年后，她又调换到了一家工艺品厂上班。进厂的时候她就告诉自己要出人头地。抱着这样的信念，当其他人抱怨工作辛苦、薪水低而消极工作的时候，谭女士却默默地积累着工作经验，并自学经济管理和营销课程。

一天，女伴们都在闲聊，唯独她在角落里看书。恰巧公司老总到宿舍视察员工，看了她手中的书，又翻开了她的笔记本，什么也没说就走了。第二天，她被叫到公司办公室，老总问："你昨天学那些东西干什么？"她说："我想我们公司并不缺少打工者，缺少的是既有工作经验又有专业知识的管理者，对吗？"老总会意地点点头。一个星期后，谭女士就被公司委以市场部经理助理的重任。有些人讽刺她，她回答说："我不光是在为老板打工，更不单纯为了赚钱，我是在为自己的梦想打工，为自己的远大前途打工。我们要在业绩中提升自己。我要使自己工作所产生的价值远远超过所得的薪水，只有这样我才能得到重用，才能获得机遇！"因此信念，她也一步步被公司提拔重用，直至市场部部长。

谭女士的经验告诉我们，工作中不能有消极怠工、得过且过的思想和念头，而是应该怀揣梦想，怀揣为自己远大前途奋斗的认识，在工作中发展自己、成就自己！

是啊，"理想"二字，意蕴无穷。为了理想，你务实进取实干，这是奋斗；为了父母家人，你拼搏职场，身兼数职，这也是奋斗；为了贫穷的学童再现校园，你奔走呼告，游走街头，这更是奋斗。与其任而白白流逝，倒不如抓住它，好好利用一番。相信成功总是垂青这类人的。

若干年后，当你步入暮年，你可以对自己说，"我的青春没有虚度，我的人生终于有所成就，我高兴，我自豪。"这是一个理想的结果，事实上许多人到老的时候，往往感到很失落，很无奈。青春无悔对他们来说只能是个谎言。中年无所建树，让他们后悔莫及。凡事没有后悔药，一错过成千古恨，再回首已百年身。

人生岁月匆匆，无情地流逝着。我们应该静下心来，抓住时间的尾巴，乘风破浪,直挂云帆,享受搏击沧海的乐趣。相信在离世的时候,我们能够平静地说,“我来过,我无悔,我快乐。”

心灵驿站

职场女白领要确立自己长远的事业目标,不论你是一般员工还是领导,都要有为自己工作的感觉。当你确信目前的工作对你实现长远的事业目标有积极作用时,你就能全身心投入,并能在工作中产生成就感,工作的价值才能体现出来。

这几类女下属最受上司赏识

俗话说,萝卜青菜,各有所爱。上司不同,喜欢女下属的类型也不同,因为每个人的想法和眼光不同。但求同存异,还是能找到男上司所青睐女下属的共性。从众多成功男士交流的心得来看,男上司们多数对以下几种类型的女下属宠爱有加。

乖巧型

说得好听一点,就是听话,一切行动听指挥,没有哪个上司会喜欢一天到晚腻腻歪歪、有令不尊、无事生非的女下属。偶尔抗旨,提提建议,发发牢骚,也没什么。上司一般不会让你天天和他穿一条裤子,毕竟你也是单位里的一分子,有自己的思想。如果一而再再而三地抗旨,上司再用你,那就是给自己找没趣,或者要冒着绯闻频出、八卦缠身的风险,毕竟群众的眼睛是雪亮的。

领悟型

上司一般很看重下属的领悟能力,领悟能力强,工作才会有好的结果。特别是女秘书、女助理这类工作,对女性的领悟能力要求更高,毕竟她们承担着上传下达的任务,责任重大,如果领悟能力差,领悟不彻底,念歪了经,就会执行不到位,工作就会跑偏,这恰恰是上司们最不愿意看到的。很多男上司喜欢聘用女下属做助手,多数是看她们的细心周到,领悟能力强。对于一时半会儿领悟不了的,最好反复请示,最忌讳满罐子不响,半罐子咣当。领悟差的女下属常常会摔了罐子,甚至连怎么摔的都不知道,上司肯定不喜欢。

精力充沛型

很多上司对女下属颇有微词,抱怨她们是“事妈”,今天感冒了,明天发烧了,后天感情或婚姻出问题了,再后天“大姨妈”又来了,隔三差五地要请假、要休息……一天到晚打不起精神,可工作要有人干,不能因此耽搁了不是。说法虽然偏颇,但也反映了上司们的普遍心声,那就是要求女下属要时刻精力充沛,激情满怀,没困难要上,有困难克服困难也要上。

如今众多写字楼里的女白领,很多都是满脸阳光,浑身迸发着青春、活力与激情。其实做到这一点并不难,诀窍就是一旦开始工作,就要全身心的投入,迅速进入工作状态。

举止优雅型

上司对女下属的看法往往会走极端,要么特别欣赏,要么深恶痛绝,而女下属的行为举止会很大程度上左右上司的看法。你的穿衣打扮,你的谈吐,你的坐姿,甚至你说话声音的大小,微笑的表情,待人接物的态度,都会影响上司对你的判断。在男上司面前,有的女性错误地认为,男人都喜欢漂亮、前卫、性感的女人,所以就打扮得花枝招展、浓妆艳抹。其实是大错特错的。

在办公室,女白领的衣着打扮应以端庄为前提。工作以外,尽可以打扮得艳丽、纯情或者很性感,但在办公室里必须有所收敛,要衣着端庄,允许穿出一些个性,或者再加一点上司的喜好,但不能过于招摇。谈吐要张弛有度,坐姿要稳重、含而不露,站姿要优美,笑起来要生动,最好不要边说边笑,嘻嘻哈哈,待人接物要热情、周到、细致、有礼貌。举止优雅的女下属,总是会赢得上司的尊重。

才女型

女下属也可以粗略分为三种类型,一种是青春靓丽型,靠天生丽质赢得上司的喜好。一种是虽然没有天生丽质,但非常有才,也就是俗话说的“内秀”,一种是前两者兼而有之。第三种女下属最容易受到上司的青睐,一方面可以带来视觉上的享受,另一方面还可以人尽其用。如果没有天生丽质,那你一定要有才,或者是管理上的,或者是写作上的,或者是谈判上的,等等。

大凡上司都喜欢有才的女下属，有才就有创造力，就能提高工作效率。才女型女下属,也多是上司们重点培养的对象,是潜力股,培养的目标是全能型的管理者,以分担上司的工作压力。如果你既没有天生丽质,也没有才,后果就很严重。

贤妻良母型

这类女下属,放在办公环境中,多数被上司称为善解人意型。她们往往很有人缘,做事热情、认真、细致,踏实肯干,不无事生非,很少抱怨,爱心无处不在，沟通能力很强。有善心，方能结善果。上司喜欢这类女下属的直接原因，就是她们身上的凝聚力和团队协作能力。

北京的朱女士和葛女士同时参加某部门经理的竞聘，朱女士浑身才气，总是能超额完成任务，葛女士虽然没有朱女士那么能干，但公司里的大事小事离不开她，权衡再三最终葛女士竞聘成功，而不是朱女士，原因就是公司不是一两个人就能做好的，需要凝聚一大帮人，葛女士就具备这种领导气质。

雄心·勃勃型

说到底，女下属要有强烈的进取心，好学、上进、勤奋。工作上有股子拼劲。多数上司有这样的想法，就是女人和男人不同，女人比较重感情，一旦认定了哪个上司，就会很忠诚，再苦再累也不叫屈，撵都撵不走。而男人就不同了，即便委以重任，也时常会心猿意马，不知哪天会撂挑子远走高飞。男上司因此会把一些比较重要的工作，放在有"雄心"的女下属身上，培养、提拔、重用。居家型的女下属，上司多数不喜欢，因为他们看不到希望。

因此，不管你工作多么长时间，都应该把你的个性秀出来，要让老板感觉你和其他员工不一样，别人有的你要有，别人没有的你也要有。

心灵驿站

个性化的女下属总会让上司眼前一亮。当然，这种个性必须是健康、有益的，并能为老板所用，能让他看到希望。现在没有特别之处不要紧，但一定要有进取心，个性可以通过后天再造。个性越鲜明，竞争力就越强。

职场八卦重在把握

在职场压抑的紧张环境中，没有一个女白领不被工作郁闷所缠绕，公司管理拖沓、流程烦琐、领导偏心、同事倾轧、分配不均等等，这些都会让你的心态失衡。聪明的女白领深知，没有一个公司会百分百符合自己的心意，所以。她安之若素地接受现状，想法子调整心情，比如在工作间隙和同事们说些八卦趣闻来放松心情。

办公室职员八卦流言上身，这就是优秀与平庸如影随形始终相伴相生的原因。优秀者难免受大部分平庸者的打击和排挤，而八卦正是平庸者惯用招式之一。应付这样的办公室八卦，要学会机智：

(1)保持镇定。切忌在八卦面前暴跳如雷，大吵大闹，那样于事无补，反倒给别人留一个遇事急躁的坏印象。谨记，八卦面前保持微笑、冷静对待。

(2)寻求支持。单枪匹马笑对八卦流言，虽说显示了为人坦荡的一面，但毕竟会让自己陷入孤立无援的境地。主动出击，寻求支持，才是彻底战胜八卦之道。需要指出的是，除了积极主动寻求上级支持外，向下寻求支援也极为重要。上司在八卦面前总会以下属意见为参考，下属意见有时会起到一言九鼎之功效。同事中总有稍感正义的，不妨有选择性的寻找一位正义使者，至少让别人了解一下事情的真相，对自己的境遇改变或许能起些作用，然后接下来就可以主动出击，驱赶八卦流言了。

(3)有德有度。注意，爱说八卦并不等于口无遮拦的“大喇叭”！女人的语言系统天生发达，八卦时很容易聊着聊着就失控了。如果你不想让别人觉得你做事不用大脑；不想让别人觉得你没有真材实料，只有一个装满八卦的空虚大脑:不想让别人质疑你的职业素养;也不愿莫名其妙地失去朋友的信任,那就先管好你的嘴巴,在嘴巴上加一把大锁。什么话该说、什么话不该说,心中要有数,切忌头脑发热图一时高兴。

有些八卦优劣掺杂,你在谈论之时尤其要注意控制有度,避免出错。比如,同事对你说"请保守秘密"。你就一定要恪守诺言,闲聊时无论如何都不要涉及这些敏感内容。这样不仅聊得开心尽兴,又不会失去同事之谊,别人也乐于与你分享更多新资讯。

对于女白领来说,八卦时,要做到有德有度的确有些难度,你不妨训练自己将语速放慢些,再放慢些,坚持下来,养成习惯,你的每一句话都会是思量过后的产物,那么,你就比较容易掌握八卦的分寸了。

比尔·盖茨曾告诫他的员工"不要在背后议论领导"。初听这些女白领一定会有些错愕,哪个职员不私下里谈论老板,这个职场的通病可是"国际化"的。其实,在背后谈论老板八卦是聊天原则的最大禁忌。如果你喜欢这份工作,短期内不打算离职,就尽量压制传播老板八卦的念头。

心灵驿站

"八卦"二字虽然听起来贬义味十足,但也并非一无是处。如果应用得当,八卦甚至可以助你一臂之力。换种说法,流言飞语也属于新闻,只不过是尚未正式公开发布的新闻。

巧妙应对性骚扰

据调查,目前,我国职场中的性骚扰有越来越多的趋势,其性骚扰主要来自于上司对于下属之间以及同事与同事之间。实际上,对于职场中的性骚扰,由于其人际关系涉及职位,职业发展,薪酬和多层面利害关系,情况会更加复杂,女白领经常面对压力和伤害,感到无所适从。

盛女士是这栋写字楼的“楼花”,就职在一家大公司做助理,同事们也很好相处,但她的主任是一个脑满肠肥的中年男人,平日喜欢骚扰比自己位置低的年轻女员工。

一天,盛女士在过道上与主任相遇了,主任说:“您的胸针真漂亮。”说着说着,那只“咸猪手”就伸了过来,盛女士飞快地避让,可还是让他的手在她胸上点了一下。盛女士一时“怒向胆边生”,又不好发作,于是想起了自己穿的细高跟鞋,今年的新款。盛女士狠狠向前跨上一步,细高跟一下子重重地踩到了主任的脚背上,她恨不得听到骨骼断裂的声音。主任想大叫,又心虚地忍住,变成了尴尬的哼哼声。

在排除异性骚扰时,要有理、有利、有节,区别不同情况,采取刚柔相济的态度和软硬兼施的方法,既保护了自己,也让他人知道问题的严重性。盛女士的做法虽然有些过激,但也是智慧之举。

面对性骚扰,既要预防更希望避免,白领女性要注意主观、客观两个方面。

主观上做好预防

性骚扰有时候也是由于女白领自身的原因间接引起的。要注意以下几方面：

着装。特别是在天热的时候，着装要避免过度展现女性的曲线，着装上要避免薄、透、露、短、小、紧六点。过度展示身材或性感，更容易受到性骚扰。

举止。在穿着衣服较少的季节，有异性在场时，必须注意自己的举止，力戒"走光"，以免让"好事者"对你产生无尽想象的空间。中午时间，特别是夏天的时候，有异性的办公室，中午休息时一定要注意保护自己，不要走光。夜间尽量避免一人加班，可以带回家办公，或者叫好友、男友等陪同来一起加班。

言行。跟异性同事、上司相处注意举止，尽量避免肢体接触；单独与异性相处时，要保持一定距离，不要靠得太近。和异性同事、上司说话时，再熟悉也不要用撒娇式的语气语调，否则容易引起他人误解。

客观上努力避免

如果感觉对方不怀好意，就要注意与之保持一个安全距离，举止或语言上更要把握好分寸，不留有任何让对方产生遐想的余地。

骚扰者如果是上司，单独去其办公室汇报工作，报送材料时，应保持开门状态，举止自然、大方。如果上司示意关门，可以虚掩着门，汇报完毕立刻离开。如果让在下班后单独汇报，可以找一些理由避开这个时间段，说明在明天一早就去，等等。避免产生不良行为的时机。

工作中对方有意无意地与自己有身体接触，除了及时而故意明显地躲开(动作上夸张一点也没关系，重要是让对方知道不希望他这样)之外，并同时反复称呼对方的姓氏、职务，以这种方式从心理上刺激其理性；如对方行动变得张狂起来，就立即厉声提醒对方自重，并立即离开。事后对待他的态度也要适当冷淡些，并保持一些距离。

遇到异性同事、上司故意对自己讲黄段子，应不予理睬，就当没听到，不要表达出任何赞同、默认的表情或者举止。最好找借口躲开，让对方知道你的明确立场。

需要和异性客户在宾馆会面，无论工作多累，都要表现出自己精神百倍的样子，交谈过程中一定要选择单人椅或沙发就座，避免坐长沙发以及坐在床上。

如果被袭击，比如突然搂抱，要保持冷静、镇定，保持反抗，并用手脚踢打周围物品，如烟灰缸，台灯，桌、椅等来弄出巨大声响，引起其他同事的注意，同时大声用语言警告和威胁，否则一旦松懈，对方则会更加放肆。事态严重时，掌握一两招防身术会更加安全，一般来说，用力踢对方裆部、用高跟鞋猛力踩对方脚尖都是很好的办法。

如果一开始遇到骚扰，可以平静而严肃地与其沟通，表明内心感受，当面、坚决地拒绝，明白地要求对方停止，请其自重，态度上不给人误会的余地。对于事先已屡屡骚扰者，可以事先准备好录音再与其谈话，以作为采取必要手段时的证据。

采取果断措施：

对于那种不达目的不罢休的性骚扰，如果不想被骚扰，忍气吞声反而是一种纵容。鱼和熊掌岂能兼得，既然不想被骚扰，就要采取一定措施以保护自己的尊严和人格。

如果主观和客观上的努力都不能让对方收手，离职是重要的选项。

如果想以法律手段解决，这就要注意收集证据。有了有效证据，才能更有效保护自己并将对方绳之以法。证据包括人证和物证。

人证。找证人时，不但要找到目击者，而且目击者还要肯出面作证。这种情况很多人鉴于各种原因而不愿出面。

物证。被骚扰时，如果收到骚扰短信、电子邮件、纸条，要留下物品作为日后的证据。物证方面，视听材料也是非常有效的证据，比如录音、录像和照片等。如果长期被骚扰，就应随身携带录音、录像、照相设备，以方便取证。自己用视听材料取证时，要注意隐蔽性，否则一旦暴露，更容易使自己受到伤害。

心灵驿站

很多骚扰别人者都是些“纸老虎”，“柿子只找软的捏”，遇到骚扰时不要被恐惧吓昏了头脑，要冷静下来，想想对策，以智取胜。

在小事中最大限度地表现自己的美德

你是否最大限度地表现了自己的才能和美德呢？这可是成功的一大秘诀，它有利于丰富你的形象，有利于你事业的成功。

如何最大限度地表现自己的美德？请记住“尽善尽美”四字。一位哲人说：“事情无大小，每做一事，总要竭尽全力求其完美，这是成功的人的一种标记。”

人们都想得到一个较高的位置，找到一个较大的机会，使自己有“用武之地”。但是，人们却往往容易轻视自己简单的工作，看不起自己平凡的位置与渺小的日常事务。而成功者即使在平凡的位置上工作都能做得十分出色，自然也就能更多地吸引上级的注意。成功的女人每做一事，都不满于“还可以”、“差不多”，而是力求尽善尽美，问心无愧。她们的任何工作都经得起“检查”。她们的美德，就是在一件件小事中闪闪发光的。

细节就是成败的关键。泰山之高在其不拒细壤;江海之深在其不择细流。蚁穴能让长堤崩溃;渗漏可使行舟倾覆。成在细节,败也在细节。老子曰:“图难于其易,为大于其细;天下难事,必作于易;天下大事,必作于细。”“是以圣人终不为大,故能成其大。”老子所言可谓职场不易之典。

职场成功一向青睐那些不拒其细的人。职场上事无巨细,凡事皆可产生重大的结果。在有些人看来,小事微不足道,不值得劳心费神。殊不知,拒绝小事,一心想创造辉煌的人往往一事无成,因为大事和小事有着十分紧密的联系,任何大事业总是由一件件小事串连而成的。不认真地做好每一件小事,只想成就大事业,那只能是痴人说梦。

罗伯特·罗恰说:“赢家就是那些善为输者所不为的人。” 当今职场上的成功者几乎都是“终不为大而“成其大”的典范,因为小事是成就大事不可缺少的基础。成功与失败,常常就差那么一点点。有时成功与你失之交臂,就是因为你败在了那一点点的细节处理上。

成功前来叩门有时也是因为在细节处理上的分毫差距。日本丰田汽车世界销量第一,原因就是它比其他同类汽车的密封系数高 1%,省油1%,噪声小 1%。正是因为这 1%的距离,拉开了它和同类汽车行业的距离。“差不多”的小事有时却会产生“差很多”的结果。生活里没有小事。

阿米莉亚·巴尔说:“哪些我们认为无关紧要的小事也许都是事关命运的大事。有些事情看上去偶然而至,似乎无关紧要,然而如果我们忽略了这些对我们来说并不陌生但却孕育着机遇的小事, 那么我们就是在拿自己的命运冒险。”

美国肯德基公司为何能顺利地进入中国市场, 很重要的一条就在于它对中国市场进行了充分的预测。通过预测,广泛地收集了信息,在此基础上,进行了科学的决策。

起初,肯德基公司派了一位执行经理来北京考察中国市场,他来到北京街头,看到川流不息的车辆、熙熙攘攘的人群,非常兴奋地向总公司汇报说:中国的市场潜力很大。当总公司向他询问具体数据资料时,他却张口结舌,说不上来了。总公司对此非常恼火,以不称职为由将其降职了。

紧接着总公司又派出了一位执行经理来考察。这位经理做事很到位,他没有走马观花，而是实实在在地做了几件事，精心地进行了调查和实测。

首先，这位经理在北京的几个街道上，用秒表测出人流量，大致估算出每日每条不同街道上的客流量。他利用暑期，临时招聘了一些经济类专业的大学生做职员，在北京设置品尝点，请不同年龄、不同职业的人免费品尝肯德基炸鸡，尤其是在北海公园这座皇家园林，利用这里游人众多的特点，广泛征求各种意见。他们详细询问品尝者对炸鸡味道、价格、店堂设计方面的意见和建议。

不仅如此，这位经理还对北京鸡源、油、盐、茶及北京鸡饲料进行了调查，并将样品数据带回美国，逐一作分析，经电脑汇总得出“肯德基”进入北京市场会有巨大的竞争力的结论。

有句英文老话说：“恶魔藏在细节里”，就是指小细节往往容易让人忽略，而造成事情功亏一篑。聪明的上班族可千万别小看各式各样的“细节”，因为你不管它，它就会来管你！不要忽视小事，这些是每个员工事业的起点，每一个职业人都是这样过来的。正如“一屋不扫，何以扫天下”一样，“不积跬步，无以至千里”。小事就是大事，你的现在所能做的就是小事，但你的上级和你的同事就是从这些小事中来认识和看待你的学习态度、工作态度、工作能力和工作方法。只有从“小事”做起，以后才能做“大事”。

心灵驿站

人是复杂的，多面的，既有长处，也有短处；既有优点也有缺点。如何扬长避短，最大限度地表现自己的美德，这是追求卓越的女性必备的素质。聪明的女人能够使自己的美德像金子一样闪闪发光，具有永恒的魅力。

工作不要太计较分内分外

写字楼里的老总们,对员工都有一个最强烈的期望,那就是:不要只做我告诉你的事,请运用你的判断和努力,为公司的利益、成功,去做需要做的事。的确,这样的女性会为领导分忧,会让领导轻松很多,自然也会赢得领导的重视和青睐。

所以,女白领在工作中,只要认定是需要你做的事,就应立刻采取行动,而不必等领导做出交代。

卡耐基曾经说过:"有两种人永远都会一事无成,一种是除非别人要他去做,否则绝不主动做事的人;另一种则是即使别人要他做,也做不好事情的人。那些不需要别人催促就会主动去做应做的事,而且不会半途而废的人必将成功,这种人懂得要求自己多付出一点点,而且比别人预期的还要多。"

常女士下班时,随手将走廊上的纸屑捡起来,放到垃圾桶里。他这一举动恰好被路过的她的老总看到了,因此被提拔为公司总务科科长。其实她获得成功也很简单,养成一个好的习惯,只要是有益的事,不分分内分外都积极去做就可以了。

有些人只求分内的工作尽职尽责,老板、领导没有安排的工作或者是自己职责范围以外的工作就不会主动地去做了,更不会发挥自己的主观能动性去开创工作。那么,这些人的工作往往也只是平淡、平庸,不会有突破,更不会有建树。

别局限于做自己分内的工作,而应该坚持每天都为单位、为企业或者为别人做了一些有益的分外的事。这种率先主动是一种极珍贵、备受看重的素养,这种素养能影响你身边的人,也能使自己变得更加敏捷、更加富有激情。

道尼斯先生最初为杜兰特工作时,职务很低,后来成为杜兰特先生左膀右臂，担任其下属一家公司的总裁。

在为杜兰特先生工作之初，道尼斯就细心地观察到：每天下班后，所有的中层干部和员工都回家了，可杜兰特先生仍然会留在办公室里继续工作到很晚。因此，道尼斯决定下班后也留在办公室里，看杜兰特先生有什么需要。在加班时，杜兰特先生经常找文件、打印材料，最初这些工作都是他亲自来做。很快，他发现道尼斯一直在办公室里，并主动要求看有什么可以帮助的。有些工作杜兰特就自然地安排道尼斯来做，时间一长，杜兰特逐渐养成了召唤道尼斯的习惯。道尼斯不局限于做自己分内的工作作风和态度，得到了杜兰特先生的肯定并受到重用。

别局限于做自己分内的事，做一些分外的有益的事，也许会占用你的休息时间。但是，你的行为会使你赢得良好的声誉，并增加他人对你的赏识和需要。

很多长期被动工作的女人养成了什么都依赖领导的工作心理和习惯，凡事都要请示领导甚至凡事都由领导交代后再去完成，这样你自身很难成长，而且也增加了上司的负担。久而久之，你给上司的印象都是：一个没有主见、没有能力的员工。那么，你就别指望公司会分配你具有挑战性的工作，让你担当重任，这样就失去了提升自己的机会。

大凡在职场没有什么作为的女人，多是完全听命于领导的人。她们认为，所谓领导就是要做到“领导”，就应该起到决策和指引的作用，一切听领导就对了。所以，她们只是被动地应付工作，为了工作而工作，她们在工作中没有投入自己全部的热情和智慧。她们只是在机械地完成任务，而不是创造性地、自觉自愿地工作。甚至有的人只有被人从后面督促时，才会去做她应该做的事，这种人大半辈子都在逃避工作，却又抱怨运气不佳。

工作有分内分外之分。有些人也许分内的工作做得还比较扎实，分外的工作就淡然处之，甚至事不关己，高高挂起，这样的工作态度肯定得不到上司的赏识。而那些对分内工作尽职尽责，分外的工作只要有益于人、有益于单位、有益于社会的事情也会热心去做，且尽力而为的人，一定会得到大家的尊重和敬仰，也经常会受到领导的器重和组织的重用。

乔帝亚是一所学校的女教师，在面对很多问题的时候，她都能独当一面的自己解决。一次,校长和学校的几名老师一起去参加一个教研会,学校也就剩下了几个和乔帝亚差不多年纪的年轻老师。乔帝亚所在的学校对面就是另外一个学校,据说这两个学校的学生水火不相容。这两个学校的学生似乎知道了校长和资深老师都不在,挑好了日子要打一架。

当早上老师们走后,乔帝亚正准备走进教室时,就看见男生女生们一起抄起家伙,冲出了校园,当时的场面令她惊讶。

她一想事情不妙,即使打电话给校长也已经来不及了,他们已经坐上了飞机。于是她跑到学生们前面,说:"如果你们不想受处分的话就乖乖地回教室。"这句话对于这些学生来说简直就是耳边风,于是她拿起电话报了警。但是即使警察一时也赶不过来。为了避免伤亡,她决定先稳住这帮学生。"三中的那些学生也真是讨厌,一副目中无人的样子,我都讨厌他们很久了,是该教训他们!"

"是的,老师,他们老是欺负我们低年级的同学,我们实在看不下去了……"

"是啊,但是你们的这些武器不大好,一点杀伤力也没有。老师给你们准备了……"她就这样和学生们周旋着。

当她把学生们往回领的时候,警察来了,一场学校间的群殴事件就此平息。

校长回来的时候听说了这件事,乔帝亚直接被升至教导主任,原因是她连这么大的事情都不需要请示就直接解决了,那么教导主任的职位她肯定也能胜任。

心灵驿站

职场女性如果想登上成功之梯的最高端,就必须永远保持主动率先的精神,在领导未下达指令前,积极去考虑,主动去寻找自己应该做的事。如果能做到这样的话,纵使面对缺乏挑战或毫无乐趣的工作,最后也终将获得回报。当你养成这种自觉自发的工作习惯时,你就有可能成为领导者。

第七章

称职方能升职

所有被升职的人都对自己的工作充满自豪感,为工作而自豪。他们生来就充满激情,即便是做最小的事。他们对自己充满信心,也对部门和公司的目标信心百倍。

不要幻想老板主动给你加薪

一般来讲,薪水是说明老板对你的能力、所在岗位等方面的一个综合的认可程度。薪水低的原因或许是因为他对你的认可程度低(岗位不重要、工作能力不强等),如果是这样的话那么通过与他的沟通,你会发现自己存在的问题,自己在上级眼里的不足在什么地方,这样你就会知道自己的努力方向了。

还有一种可能是老板并不是完全根据员工的综合能力和工作绩效来作为工资的主要标准,而是谁去找他要求涨工资了他才去衡量并给涨。大多数女白领都是含蓄的、羞怯的,即使对自己的工资不满意,也不敢直接提出来,只敢背地里嘀咕一通发发牢骚,或是极端地选择另谋他职。在她们的潜意识中,认为提请加薪是一着险棋,弄不好会因此而被扫地出门,或是被老板"另眼相看"。

其实,向老板提出加薪远没有想象中那么可怕。只要你能力足够,业绩在别人之上,你就要善开金口,让老板知道你值得加薪,勇于为自己争取利益。有些老板更喜欢敢于提要求的人,至少说明她重视自己的价值。

当然,成功说服老板为你加薪,还需要注意以下几个方面。

要有理有据,说服老板给你加薪确实不是一件易事,万一操作不好,就有可能破坏你在老板心中的良好形象,影响日后工作的开展。因此,在向老板提加薪问题时,最好先确定谈话要点,然后有理有据地展开。当他意识到给你加薪有百利而无一害。甚至还能收获到滚滚财源时,你的目的才能达到。

如果你选择公司遇到麻烦、老板心情正郁闷的时候，向老板提出加薪，结果可想而知。所以，选择时机非常重要。

最好的时机是当老板沉浸在成功的喜悦之中，或是他的家人有什么喜事而使他轻松愉快的时候，你向他提出适当的要求他就比较容易接受。

另外，你还要了解公司的加薪时间。大多数公司是从第四季度开始做下一年预算，会在第二年的年初加薪。但不管什么公司，一般不会在年终加薪，所以在年终向老板提出加薪不是明智的决定。根据经验，夏天也不是提出加薪的好时机，这样到了秋天，就可以顺理成章地提出加薪的要求了。

当你提出加薪的要求而老板没有同意的时候，老板肯定会解释暂时不给你加薪的理由。这时，你要心平气和地倾听，然后寻找突破口。切忌表现出不高兴的样子，或者闹情绪。甚至与之发生争执，一味坚持应该为自己加薪的理由，这样只会适得其反。

作为一般员工，你也许不会经常直接和老板打交道，但部门经理会对你了解得更多一些，而部门经理则是老板经常要召集开会的人之一。除此之外，老板身边也有比较亲近的人，通过他们转达你的加薪要求有时比你直接开口效果更好。当然，你得把握好一个“度”，即能替你传话的人一定是了解你、理解你的人，这样他在传话的过程中就能把话说得婉转些、圆满些，即使遭到拒绝，面子上也不至于太尴尬，因为你毕竟没和老板“正面交锋”。

为什么总有些人不费吹灰之力就能在职场上如鱼得水？下面10条就是专门为你发掘的独门秘籍，也是老板不愿意说的秘密。

1.卡纸的打印机、罢工的电脑……每个公司里都有些人能迅速地把它们修好。发现这些人，并和他们保持良好的交往。

2.每认识一个新的客户，都给他们写一封E-mail，这样能更好地认识并了解他们。客户的赞美是很重要的，也许客户的一封感谢信就可以让你升职。

3.你可以喜欢玫红色，但重要工作场合尽量避免它，这让人联想到芭比娃娃。

4.如果你想约人谈些要紧的事情，放弃星期一和星期五吧。

5.尽量不要使用模糊词，例如“也许”。用词清晰准确才能使你的对话获得成功。要掌握准确的信息，而不是也许、可能的信息。

6.永远不要一个人吃午餐，尝试一下午餐社交，良好的人际关系是升迁的基础。首先你自己要行，然后有人说你行，最关键的是说你行的人要行。千万记住不要站错队！

7.和不对盘的同事相处也不要犯憷，跟他们说话的时候尽量符合他们的习惯吧。多个朋友多条路吗？如果树敌太多及时你能力很强，可能升迁也无门。

8.如果你的桌子上总是一团混乱，请去看看大老板的桌子——他们的桌子上永远都是干净整洁的，东西也非常少。如果自己的办公桌都管不好，怎么管其他人呢？

9.对下级也要友好，谁知道新来的实习生是不是老板的亲戚。

10.与老板助理保持良好的关系，没有人会比他知道的消息更多。如有人在老板耳边不停的吹风，风的力量越大，你升迁的机会越多！

心灵驿站

在你明明该加薪的时候，老板却没有给你加薪。这时候，不管是老板一时疏忽了，还是故意忘记了，你都不妨给老板找个台阶，让他自然地下来。让他既有机会，又有面子给你加薪。

爱拼才能赢

俗话说，性格决定命运，敢闯的女白领喜欢标新立异，喜欢寻找机会，不怕困难，这些都有利于快速升职和加薪。而乖女孩只把自己的工作做好了就满足了，所以总是停步不前。为此，你必须要做一个敢闯敢拼的女人，才能迅速地干出一片属于自己的天地。

无论自己的客观条件如何，职场女白领的心中都应该明确一个信念："我的成功应由我自己的双手创造。"否则，只能走向平庸。

原惠普董事局主席兼女首席执行官卡莉·费奥瑞纳说过："你要找到你热爱的东西，如果你不感兴趣，没有激情，你现在做的事情你不想做，你不可能取得成功。成功需要做承诺，承诺需要专心致志，人必须有激情。"

当投入到职业洪流中，开始一种崭新生活的时候，工作、事业就成了你一切活动的中心。如果想在工作、事业上有所造就，那么，你首先就必须具有强烈的事业心。

事业心，就是指人们想成就某一事业的雄心。它是事业成功的基石，是任何一个想成就事业的人所必不可少的。世界上一切为人类幸福事业作出过伟大贡献的人，无不是在它的推动下一步步走向光辉顶点的。

园女士原来在一家软件开发企业工作，工作两三年时，勤奋的圆女士薪水已达到5000元，这对很多初入职场的人来说，已经不错，但圆女士觉得自己掌握的开发语言随着这几年的技术发展，已谈不上主流，在原来的公司加薪希望不大，以当时状态，通过跳槽加薪也希望渺茫，因此她决定努力工作并在工作中增长才干，技多不压身，这是圆女士当时最朴实的想法，另外，她也想通过这种努力，加快职场奔跑的速度。不出圆女士所料，在以后的工作中，她多次结合企业和市场特点与员工一道攻克难关，开发出了五六项软件产品，并被企业委以重任，升职加薪。

圆女士的经历可圈可点，这一切离不开她的努力、毅力、技术和业务知识的积累。她的事例也具有一定的典型意义。

苦干是领导喜欢看到的，领导也喜欢巧干高效率的下属。如果你在一家公司工作，你就会想升职加薪，要做到这一点，就必须征服你的老板。征服老板不是要老板对你服服帖帖，而是要让老板认为你是一个重要的人，你才会有升职加薪的机会。

不妨设想一下，领导有同一项任务，交给甲下属需要一个月才能完成，交给乙可能仅要两周时间就可能完成，那么领导在用人时首先考虑的就可能是乙而不是甲。所以，说苦干并不等于蛮干，必须善于动脑子想办法，提高工作效率。

在开始着手工作之前，你必须有完成工作的坚定的决心。就是在接受工作任务的同时，要学会跟自己说："我能完成！"或"我肯定能做好！"

如果你反复对自己说："我相信我能做得到。"那么你就极有可能做到；如果你总是说："我真的做不到。"那你注定只能一事无成。

"我能完成"是非常有力的一句话。对大多数人来说，这句话具有特别重要的意义，而且还非常实用。人们相信自己能做什么，就增加了做成的可能。有人说，世界上除了一些非常特殊的人之外，可以实现的事情与真正实现之间的距离其实很小很小。但首要的是你一定要相信自己能行。

当然，努力工作是成功的基础，但不是获得成功的充分条件。人们应该学会经营自己，这是成功的推进器。甚至有时候，表现自己更关键，特别是当你顺利完成一件工作后，让老板知道你的贡献更重要。

越是大的公司，竞争越激烈，出人头地越难。现实中我们常会看到一些人在一个公司一干就是几年，为公司作出了很多的贡献，但得不到老板的重用。在现实社会中，光是埋头做事还是不够瞧的，想要有一番作为，既要能埋头苦干，又要推销自己。

在外贸公司工作的胡女士近一段时间比较郁闷，原因是几个月前，公司进行人事调动，那些和自己能力、业绩不相上下的同事被提升了，调到更有发展前景的职位上工作，甚至前段时间刚进来的一个新员工也被调到了比较好的岗位，但她却是一没升职二没加薪，仍然是做一名小主管。

其实，胡女士是一个非常有才气的人，但她的性格有点内向、敏感，还有一点不自信，在平时的工作中只顾着埋头苦干，很少与上司去沟通、交流。有些同事好心提醒她要多在老板面前表现表现自己，使领导对他有所重视，但她却不以为然，反而觉得这样有意地与领导接近不是很好，认为只要自己将领导安排的工作认认真真地做好了，总有一天老板会看到的。

敬业、勤奋的员工是为任何一个老板所欣赏的，努力工作是升职的必要条件，但要记住绝对不是充分条件。默默的奉献精神不适用职场，有的时候想尽方法让老板知道你的努力。如果你只知道埋头苦干，即便是做了再多的工作，不知道抓住机会表现自己，似乎等于没做一样。谁不想在事业上有更多的收获？所以想让自己得到老板的器重，升职加薪，就不要闷头做事，适当地表现自己是十分必要的。

心灵驿站

受几千年传统影响，女孩们从小就被告知，抗拒父母的命令或发怒会显得不可爱。因此，要想成为一个敢闯的女孩，必须首先从自己的心理上战胜自我，然后才能迈向成功。

别让升职坏在小事上

升职的方式有很多，比如企业高层的考察、部门领导的推荐、同事的评价、傲人的业绩、自我的提升等等，除此以外，工作中一些常被你忽视的细枝末节、琐碎小事也可能助你更上一层楼，所谓细节决定成败，职场无小事。如果你大大咧咧，忽视了这些琐碎小事，它们就会变成职场黑手，阻碍你升迁。

比如说，打印文件时，你当公家的纸不是钞票买来的。随便打印，而且不懂得重复利用，那些还有一面没打印的纸都被你揉成一团扔进纸篓，既没有节约意识，也不知环保。上司和同事自然对你另眼相看；你每次上交给上司的文件，间距密集，排版凌乱，层次也不够分明，恰恰上司又是近视眼，对着这份杂乱无章的文件，他会是一种什么心情，又会如何看待你的工作质量，就可想而知了；贴报销单据时，你随便乱贴，忽视每一张票据后隐含的意义，不懂得见一叶而知秋。透过表面去揣摸深层信息，如何成长；再比如，有个客户找上司洽谈业务，你把客户带进来后，伸手指一下上司的门就不管了，上司会认为你没有尊重他，客户更会因此轻视公司，上司愿意提升你吗。

就是这些看似不起眼的工作细节，积少成多，终于聚成了一块巨大的石头，堵塞了你锦绣前程的路。

职场升迁的旅途中，充满了危机和陷阱，有些错误可以犯，有些错误是不可以犯的。因为在很对情况下上司不会给你太多的机会，以下这些错误绝不能犯。尽管我们有许多应对升迁小障碍的好主意，但不得不提醒你，想要升迁，还是有不少底线性错误是触碰不得的。

1.越级汇报情况。结果别说升职了，还很容易被炒鱿鱼。除非你有把握把上司搬倒，但是大多数情况下你会高估自己的实力。

2.和上司发生办公室暧昧。上司为了显示自己的职场专业，一般不会提升职暧昧对象的。因为上司怕老板将自己扫地出门，所以丢卒保车。

3.经常性让顶头上司难堪，你还指望有升迁机会时他能拉你一把吗？

4.喜欢八卦同事们的隐私不算很糟，糟糕的是热爱在茶水间、洗手间等地传播，并很不幸地超过3次被上司撞见，升职的秘籍是“闭嘴”。

5.用不恰当方式提出加薪，基本死定了。等于提醒了公司要开始留意你这个职位的备选人才了。

当你具备了被人信任的基础，并且在日常的工作中逐渐表现出你的踏实、聪明和细致的时候，越来越多的工作机会就会提供到你面前。

但是，这几件不知不觉害了你不能升职小事是你必须知道的：

1.几个人同在一个办公室，每天总有些杂务，如打开水、扫地、擦门窗、夹报纸等，这虽都是小事，但也要积极去做。如果你同事的年纪比你大，你不妨多做些。懒惰是人人厌恶的，如果你开水从来不打，可每天都喝，报纸从来不夹，可每天都争着看，久而久之，人家对你就不会有好感了。如果你自己的房间收拾得非常干净，可是在办公室里从来不扫地，那么人家会说你比较自私。几个同事在一处，就是一个小集体，集体的事，要靠团队来做，你不做，就或多或少有点不合群了。

2.经常抱怨工作，牢骚满腹，一边埋头工作，一边对工作不满，一边在完成任务，一边愁眉苦脸。让人觉得你是个干扰工作，爱说牢骚话的人，只知道对工作环境和同事的工作发牢骚、泄怨愤。也许你希望工作和环境秩序好一点，却不能在适当的场合，用适当的方式认真提出来，而只一味地抱怨。同事认为你难相处，上司认为你不顺手。结果升级、加薪的机会却被别人得去了。

3.非让男士请客。按理说，男人是不应该吝啬的，尤其是与女士在一起的时候，是要有点儿男子汉的派头。比如请女士吃饭、喝咖啡、吃冷饮。但这必须是男士主动向女士提出邀请，而不是女士要求男士请客。可是，有时女人就是不懂这个道理，她们不是以女性的魅力来唤起男人的主动、大方和潇洒，而是直接地向男人乞讨，叫男人左右为难。男人面对这样的女人，总是不自在，感觉很不好。女人在男人面前，还是保持点儿矜持为好。

4.工作不用心。你可能心不在焉的工作，时常迟到早退，拖延工作或者东游西逛打发工作时间。只是因为你并不促使自己恰如其分地工作，所以你根本就没有发挥你的潜能。由于你的自制行为有了问题，使你形成了不良的工作习惯，阻碍了你的升迁晋级。

5.领导面前献殷勤。对单位的领导要尊重，对领导正确的指令要认真执行，但不要在领导面前献殷勤。有些人工作上敷衍塞责，或者根本没本事，一见领导来了，就让座、倒茶、递烟，甚至公开吹捧，以讨领导的欢心。这种行为，虽然与同事没有直接的利害关系，但正直的同事都是很反感的。他们会在心里瞧不起你，不想与你合作，有的还会对你嗤之以鼻。

如果你们单位的领导确实优秀，你真心诚意佩服他，那应该表现得含蓄点，最好体现在具体工作上。有些人还经常瞒着同事向领导反映问题，而这些问题往往是同事们平时在办公室里谈论的。这实际上是一种变相的献殷勤，同事得知后，也会厌恶的。

心灵驿站

聪明的人，总是不认为自己的能力有问题。时间长了，就会抱怨自己运气不好，抱怨那些看起来资质普通的人，总是比自己更能走“狗屎运”，慢慢地影响心态。所谓怀才不遇，有时就是这种情况。

“沉默的羔羊”难升职

你有没有发现，那些业绩平平、不被上司看好的员工，多半是因为个性太闷：开会从不举手发言，座位能躲多远就躲多远，回答老板的问题也是“犹抱琵琶半遮面”，和同事合作完了分摊业绩时，也是只点头少说话……但凡稍有经验的职场人都力争不做“沉默的羔羊”，他们踊跃发言。积极举手，什么事都摆到桌面上来交流，开放自由通透又很容易跟上司打成一片。前途怎么可能不光明？

会哭的孩子有奶吃，会举手的员工有糖吃！可是，仍有不少女白领不懂职场升迁规则，像20世纪50年代的“劳模”一样勤恳，凡事都按领导说的去执行，不管事情可不可行，能不能完成，用什么方式完成，都不能畅谈自己的见解和建议，即便如此听话，仍然得不到认可和提升。别说老板不公平，谁会提拔一个毫无见解的应声虫呢？

彭女士今年28岁，毕业于国内某著名大学计算机系，取得了硕士学位。毕业后进入国内一家大型IT企业做技术工程师。她个性沉稳、严谨，细心，在业务知识方面有着深厚的功底，工作搞得井井有条。但是两年多过去了，她一直以来还是在工程师这个位置上，薪水也没多少的上升，而自己周围的同事涨薪的涨薪，高升的高升，看到技术知识不如自己的人也走上了领导岗位，自己却似乎被遗忘在角落？她着急，却苦无机会，也不知道自己的问题出在哪？

后来经过了解交谈发现彭女士大多时间是用在了IT技术的工作上，只知道自己埋头苦干，不知道善于抓住机会来表现自己，更可悲的是她在同事的眼中居然成了可有可无的人，连是否来上班都无人问津！

诚然，踏实苦干，是我国的一种优良传统，但在现代社会的职场中，仅仅这样做是不够的。在现代职场中，沉默不再是金，要学会不断“炒作”自我，能够做到这样三种人：

部门内做“牛人”。首先要以自己的专业立足，技术上当仁不让。要成为部门内的牛人，还要能够在自己做好的基础之上也能够积极的帮助同事解决问题，赢得同事的信赖与认可。

在企业内做“红人”。要学会做领导前的红人，并不是要你溜须拍马，而是要善于将自己的成绩展现出来，你做得再好，但是领导不知道，不认可，那升职加薪就比较困难，要增加自己在领导中的印象，占据地位。

在行业内做“才人”。赢得同事与领导的认可之外，还要尽自己的努力赢得行业与市场的认可。有才就应该展现出来，将自己的才识变成文字得到行业的赞同，多参加学术研讨，发表自己的观点等扩大自己的知名度。部门、企业、行业都被认可，技术、人员、名气都不拉的情况下，高薪高职离你还会远吗？

高薪并不是遥不可及，关键是要对自身的能力有清醒的认识，找出自身的特长与缺陷，长者发扬光大，缺者要尽力弥补。并且能够根据市场的不断变化来调整自己，使自己与市场紧密相连，才能在竞争中立于不败之地。

不做“沉默的羔羊”，除了大胆直白，还要注意以下几点：

(1)会议当中至少发言一次。不需要有多么出众的口才。但是在开会以前最好还是练习一下。在会议中一言不发。会被视为在发泄对工作的不满，老板肯定把你定位成毫无生气、被动的人。不妨找个切入点来谈，比如你的竞争者在谈话中出现了漏洞，或者你有一些更好的建议。带一些简报或客户备忘录以便在讲话中参考，这样可以让你在会议中尽展才华。

(2)及时汇报坏消息并提出建议。永远要对上司讲实话，如果有坏消息不要企图隐瞒上司。如果出现了问题的苗头，你的职责就是勇敢地站出来，预先采取措施。问题产生了，发展了，你就要提出解决问题的建议。不要等到火烧眉毛的最后时刻才去想办法。

(3)别把与人交谈当成辩论赛。在办公室里与人相处要友善，说话态度要和气，要让别人觉得有亲切感。即使是有了一定的级别，也不能用命令的口吻与别人说话。说话时，更不能用手指着对方，这样会让人觉得你没有礼貌，有人格受到侮辱的感觉。虽然有时候大家的意见不够统一，但有意见可以保留，对于那些原则性并不是很强的问题，没有必要争个输赢。

心灵驿站

不要做一只"沉默的羔羊"，那样只会令别人更疏远你，要以开放的姿态面对职场风雨，多与人沟通交流，这样才能赢得上下级的关注。

独特是升职的金钥匙

索菲亚·罗兰是意大利著名影星，曾获得1961年度奥斯卡最佳女演员奖。为了圆她的演员梦，她16岁时来到罗马，但她从一开始就听到了许多不利意见。用她自己的话说，就是她个子高大、臀部太宽，鼻子太长，嘴太大，下巴太小，根本不像一般的电影演员，更不像一个意大利式的演员。不过制片商卡洛看中了她，带她去试了很多次镜头，但摄影师们都抱怨无法把她拍得美丽动人，因为她的鼻子太长、臀部太"发达"。

于是卡洛对索菲亚说，如果你真想干这一行。就得把鼻子和臀部"动一动"。索菲亚可不是个没主见的人，她断然拒绝了卡洛的要求。她说："我为什么非要长得和别人一样呢？我只想保持我现在的样子。"她决心不是靠外貌而是靠自己内在的气质和精湛来取胜。她没有因为别人的议论而停下自己奋斗的脚步,最后她成功了。

她的那些受到过质疑的特征反倒成了美女的标准。在20世纪即将结束时,索菲亚被评为这个世纪“最美丽的女性”之一。

无论年龄,无论性别,上班一族要想在职场上立足,当然要凭实力说话。除了实力之外,一些看似不起眼的雕虫小技或是令人不屑一顾的旁门左道,却可以小兵立大功,关键之处大显身手,让你的工作开展得更顺利,与同事相处得更融洽,各方面的人脉也更为畅通,甚至会给你的人生带来意想不到的转机。每个人都喜欢才能多样且出众的人。比如业务技能突出的人,做起主持来风趣幽默,特别能调动气氛,是不是会让人更加钦佩你、喜爱你呢。

独特的专长让你脱颖而出

从经济学院文秘专业毕业后,秦女士应聘到某银行综合部做文员。工资不高,工作倒还比较轻松。从小就颇具音乐天赋的她,便把剩余精力转移到了唱歌上。第一个月刚拿到工资,秦女士就报名参加了歌舞剧院开办的声乐培训班。一个学期结束后,秦女士又拜歌舞剧院的一位老声乐家为师,每周去老师家上两次课。通过一年的学习,秦女士的民歌演唱水平已近专业水准。

一次,同事们去钱柜唱歌,秦女士的一曲《杠凝眉》令所有在场的人惊叹不已。在后来省行组织的唱歌比赛中,秦女士获得了一等奖,省行领导还亲自为她颁奖。为了答谢客户,省行每年都要举行好几场联谊晚会,省行领导非常重视艺术人才。当省行领导了解到秦女士不但歌唱得好,业务能力也很强时,表示省行非常需要她这样一专多能的人才,一纸调令,让秦女士顺利进了省行。

看似与工作无关的艺术特长,对工作其实大有帮助。你的特长可以在单位组织的文艺活动中展现出来,让你成为单位和系统内的明星。很多单位非常需要具备艺术专长的员工。

小小技能也能派上大用场

年终,公司和大客户的联谊会在市里最著名的酒店举行。联谊会上,总经理致欢迎辞后,酒店司仪宣布:"下面请总经理先生为我们开启香槟。"随即有人把一大瓶香槟递到总经理手上。在一片掌声中,总经理却拿着香槟愣在台上。原来,总经理不会开启香槟。冷场了一小会儿之后,站在人群前面的办公室职员向女士灵机一动,她走到总经理面前,微笑着说:"真抱歉!我忘了告诉司仪,总经理的手前两天受了点小伤,有些不方便。"说完后,她从总经理手上接过香槟酒,顺利地开了个冲天泡沫礼炮,然后递给总经理。一个小小的举动,顺利地替总经理解了围。总经理不仅对向女士心生感激。更是对她另眼相看,事后还笑着要拜向女士为师,教他开香槟。其实,连向女士自己也没想到,会开香槟酒这个小技能,会在关键时刻派上用场。

会玩也是本领

刘女士在单位的人缘超级好,每次评选优秀员工,她的得票数总是遥遥领先。平心而论,刘女士的工作业绩并不是特别突出,但大家就是喜欢她。其中一个很重要的原因就是,刘女士非常具有讲笑话的天赋。在工作间隙、午餐时间或跟同事们一起去酒吧 Happy 时,她总有无数的笑话、段子,让所有人乐得前仰后合。而且,刘女士的脑子里好像有一张"玩乐地图",哪家的川菜做得地道,哪家的老汤煲得靓,哪里的酒吧够 High,哪里可以看到免费电影,到哪里唱歌价格低音效好……她都了如指掌。部门大大小小的聚餐和 Party 都由她来组织安排,如果哪次她有事去不了,大家都会觉得索然无味,甚至会因此取消活动。

刘女士因为爱好美食和玩乐,平时没事经常上网浏览本城的美食玩乐网,有一帮志同道合的网友,每逢节假日,大家都会出去集体欢乐,对城里吃喝玩乐的地方自然了如指掌。加上她开朗风趣的个性,想不受同事欢迎都难。

除了上述的小小技能外，摄影、书法、演奏乐器等，都能让你在关键时刻秀一手，彰显出你的独特性，加深领导印象，提升好人缘。

曾任职于高知名度的企业，拥有冷门却潜力十足的学历，有着不同的工作经历累积和多元处事能力。这些稀有性就是你无可取代的价值。

心灵驿站

对于公司女白领来说，除了做好自己的本职工作之外，掌握一些另类技能同样可以提升你的个人魅力，让领导和同事对你刮目相看，为自己的职场晋升增加砝码。

寻找进入核心圈路线图

核心圈即Core Circle，核心圈一般是由公司创始人、风险投资者，以及值得大家信赖的人组成，在大公司中会存在数以百计的核心群体，个别能力强、有号召力或掌握关键资源的人，也可能是核心圈中的一员。核心圈里的人物在公司内部通常具有超乎寻常的影响力。

核心圈决策型人才主要从事的工作类型：

设计、规划、决策等，即在工作或生产活动前对活动进行预先考虑并做出全面安排的工作，一般也不以获取直接经济利益为目的，不直接从事产品生产或提供服务。如产品的开发设计、城市规划设计、电信工程设计、建筑工程设计等。最擅长的是筹划，是作为“设计”“做”和“想”的能力，介于理论与做之间，也类似于亚里士多德“实践哲学”中的“制定行动”。

宋江在梁山里，无论才华、经济还是外貌，表面上看都很普通。书中描写他貌黑身矮，出身小吏，文不能安邦，武不能服众，手无缚鸡之力，身无寸箭之功，但他一进入梁山集团，就竟然轻而易举地成为二把手。一把手晁盖死后，他又顺利地成为梁山集团的"CEO"，这在职场中，是值得研究的现象。

现实中我们也经常发现，很多能力普通、甚至"平庸"的人，也身处单位的决策层，而不少能力强的人却一直埋没于世。比如，唐玄奘、刘备、宋江这样的普通人却领导孙悟空、诸葛亮、武松这样能力出众的人。这些看起来似乎很平庸的领导人，到底采取了什么方式方法当上了领导的呢？单方面的能力不能决定命运，细节才能决定命运，综合素质才能决定命运。那么，女白领要想进入核心圈，成为决策型人才到底需要具备什么条件？需要怎样努力呢？

很多事实证明，不少女白领能进入核心圈，是经过了多年的磨炼。靠许多枚"军功章"才换来的。

杨女士是经过多年努力进入核心圈的。7年前，大学一毕业她就被全球500强企业之一的某电子研发公司招入怀中，杨女士一开始就给自己制订了一个长远计划，前3年打基础学本领，后3年成为骨干力量，再3年就必须有建树成为中层领导，然后慢慢成为公司核心人群的一分子。

有了这样的计划，杨女士自然不会松懈，她好学肯干，很快赢得了公司各层面的喜欢，特别是在几个特殊的项目中她都主动承担责任，并不计报酬，所以她在很多同事面前树立起了威信。

后来她被提升为项目经理，更加踏实苦干，由此得到了部门老总的信赖，不知不觉中她就成了部门老总的左右手。随着部门老总在公司的地位越来越重要，杨女士参与的项目和工作也越来越多，好几次她都以老总智囊团成员的角色出现在大家面前，成了公司重要的决策层人选。杨女士为此获得了极大的工作成就感。

女白领要想在职场稳步发展，一定要想方设法进入核心圈，所谓"想成为什么样的人，就要和什么样的人在一起"。如此才有机会站稳脚跟。赢得更多的发展空间。如果你不是公司元老，要跨入核心圈必须具备就应该要有远大的理想、成功的欲望，要有别人没有的技能与坚强的品质，还要有较高的情商，和平衡的技巧，当然合适的美丽指数是必不可少的。

此外，性格开朗、爱表现，做事有激情，人际关系突出。能当机立断作出决策。当必要时,会用直接经验和直觉来解决问题。

如果你已经具备了上述特征,恭喜你离核心圈只有一步之遥了。但是进入核心圈还要有一个天时地利人和不可或缺的因素,那就是引路人。引路人通常会是你的上司,也可能是欣赏你的同事或盟友,因此女白领想要进入核心圈,成为决策型人才,除了有雄才大略,有组织能力,有较开阔的眼界和广博的知识,远大的胸怀,政治家的胆识外。对于企业的重大方针政策、战略措施、长远计划、经营方向等都要有很强的决策能力。归纳起来有以下几点:

1.具有宏观事态的全面把握能力,具备较强的综合各类学科知识的能力和对新技术、新方法、新材料、新产品、新工艺的创新能力。

2.对事态发展趋势有超常的预测能力。

3.临危不惧、处乱不惊的心理素质。

4.熟悉事件的产生、发展、影响以及化解方法,对事态有整体、科学、深刻、系统和动态地把握并能在事态发展的不同阶段迅速而准确地作出相应对策。

5.活动能力强,人际关系好。

知识经济背景下, 企业经营者们已经在觉醒——人力资源是企业获得竞争优势之核心,因为与其他土地、资金、设备等有形资源相比,人力资源具有主动性、积极性和创造性的特点,一旦拥有,竞争对手更加难以模仿和复制。

心灵驿站

女白领要进入核心圈一定要有耐心,被伯乐赏识也是需要时间考验的。你体现的价值就等于你被批准进入核心圈的价值,所以当万事俱备的时候,务必将你的能量充分发挥出来。

怎样才能成为高薪人才

古代对有才的男子称为:才子,有才的女子称为:才女。

怎样给人才下一个定义呢?传统上我们把饱读诗书、博学多才之人称为人才,而现代竞争社会对人才有了新的认识与界定,是否拥有职业素质成了人才的一个基本标志。

“投资是一项经营人才的业务”。这句话说明商业竞争的实质就是人才的竞争,留住并善用人才,才能在商业竞争中获胜。

其实世界上没有什么绝对的人才,人才都是在实践中不断学习的。

对于企业来讲,人才是那些认同公司的核心价值观,具有职业素养和较高工作技能,能够持续地为企业创造价值的人。一个清洁工人,能够长期地把地扫成世界一流,就是人才。一个员工能够安心本职工作,持续不懈地提高工作效率,也是人才。以此标准衡量,企业中人人都是人才,人人都可能成为人才,我国企业缺少的不是人才,而是培育与牵引人成才的机制与制度。烽火猎头专家认为人才就有能力完成某件事的人企业的功利性决定了,人才必须是那些能够为企业创造价值的人,而学历/职称/经验等与一个人的价值创造没有直接的联系。

据国家有关调查显示,“金领” 高收入阶层的月薪大都在 1 万元以上;有一套属于自己的住房,市场价格在 80 万元左右;有一辆进口车或至少有一辆奥迪、桑塔纳等档次的国产轿车;饮食不超过家庭总支出的 1/4。

有些专家认为,年薪在 10 万元~20 万元的属于中级人才,高级人才的年薪在 20 万元以上。高分低能的高学历者大有人在,况且目前假学历泛滥成灾,用学历来衡量人才的标准已是老皇历了。如果一个博士不能带来经济效益,那么就很难说他是高级人才;反过来,能带来巨大市场效益的大都是高素质人才。

怎样才能成为高薪人才?从众多高薪人才身上,我们总结出一些共性的东西:1.具有以实用为导向的职业知识;2.以专业为导向的职业技能;3.以价值为导向的职业观;4.以敬业为导向的职业态度和以生存为导向的职业心理素质。

在这个社会称得上"人才"的人,不是"专"才,就是"特"才。前者是拥有丰富专业知识的人;后者是拥有特殊才能的人。"专才"选择的再教育多是延续性教育;而"特才"选择的多是含金量高、相对超前的再教育。

作为一个优秀人才,以专业为导向的职业技能是必不可少的,它是执行能力的体现,更是个人思索和人格魅力的反映,它不仅指职业的态度,还指在具体的思考问题的方式和工作行为中体现出专业、职业形象,继而提高每个人的工作效率(绩效)。

专业的职业技能在很多优秀人才那里,经常体现为:良好的时间管理能力、有效的沟通能力、高度的服务意识和让客户满意的能力、准确的分析问题与解决问题的能力等等。

现代企业的工作核心是时间、效率和利润,这些因素的达成需要一支专业化人才梯队作前提。因此,越来越多的企业在考虑一个员工是否应该提升、加薪、培养时,是否具有高度专业化职业技能已是其中一项重要因素。

人类社会从另一方面看也是一个残酷的竞争生态链。再高级的人才都会面临被淘汰、被遗弃的厄运。因此,能否扛得住压力、经得起挫折,对于现代人来说,也是一项能力指标。

某人力资源总监黄女士在被问到为何一直待在所在公司而不考虑选择第二家公司更高的职位时说:"人家问,什么情况下会想到离开?我说,当你觉得'后浪'已经上来了,自己赶不上的时候,意味着你对于团队已经没有附加值的时候,见好就收,所以我不断鞭策自己,每天都要有提高,否则就要离开了。"

清楚自身的价值,有一个明晰的目标,然后想方设法让自己的价值最大化是成功人才的共同点。他们当然也喜欢钱、向往钱，但他们不是整天想着我几时要拥有多少财富，而是坚信：自己的本钱就是自身的价值，只要自己的价值能够一直膨胀下去，不信富贵无我。

敬业精神就是要求我们恪守职责，扎实、勤恳地做好本职工作，以智慧和付出对市场目标和市场计划负责、对工作质量和效率负责。某集团的杨总经理在谈到自己对敬业精神的理解时说："敬业精神是以人为本的管理思想的具体表现形式，任何的前进都是无数人在推动，特别是我们的市场工作，人的工作做好与否，是敬业精神的培养，也是融入商品经济社会、拓展个人发展空间的通途。"

心灵驿站

在市场经济不断走向深入的今天，敬业是一种职业态度，也是职业道德的崇高表现。一个没有敬业精神的人，即使有能力也不会得到人们的尊重和接受；没有能力但具备敬业精神的人却能够找到自己发挥的舞台，并一步步实现自身的价值，最后更有可能发展为广受尊重的人才。

称职方能升职

比尔·盖茨曾经说过：怎样才算是一名称职的员工呢？作为一个独立的员工，你必须与公司制订的长期计划步调一致，自动自发地提升自身能力，不要把奖金和薪水作为你工作的唯一动力。爱岗敬业、勤奋敬业、忠诚自信、自动自发地做好每一件事，每一项工作，就是一个称职员工。

无论你是干什么的，是看大门、搞收发，还是做中层管理工作，不论职位高与低、轻与重，你成功的关键就是找准自己的位置，所言所行与自己的位置相符相宜，并且让你的领导知道你、肯定你和认可你。

在一个单位或部门里工作，要找准自己的位置，并根据职位的轻重采取不同的处世方式。单位里的主管领导是否知道你干什么工作、并对你有较高的评价？大多数人都认为，领导眼睛是亮的，如果表现好，工作好，迟早会传到领导耳中的。可惜，情形往往不是这样，很可能你工作相当出色，可领导根本不知道，这也是常有的事。

在这方面处理得当的女人，总是设法表现出自己很称职，设法让别人看到她的工作，得到一个工作干得好的名声。高级领导往往把这样的人看做是崭露头角的优秀人才和单位里的能人。因此，假如你想在职场有所发展，就要设法表现出自己很称职。

在企业员工中，人与人之间存在着差异，每个人的工作态度，技术业务水平都不尽相同，在企业的生产经营中起的效果也会不同，老旧的设备遇到责任心强，技术水平高的人管理操作，一丝不苟精心维护，而先进的新设备如遇到工作马虎技术差的人去管理，误操作出残次品。

由此看出,在企业中员工的素质与责任心是至关重要的!企业是以生产经营为中心的经济活动组织,要谋求利润来保障其生存和发展,而企业的生产经营任务要人去完成,机器设备要人去管理,企业的规章制度要人去贯彻执行,因而在企业的各生产要素中,人最重要!

作为一名称职的管理领导干部,是应以充当领导角色的个体为完成其特定职能职责,发挥其特定影响和作用所必须具备的自身条件,是在一定心理生理条件的基础上,通过学习,教育和实践锻炼而形成的,在领导工作中经常起作用的那些基础条件和内在要素的总和。

工作在我们的生活中占据了很重要的位置,正如奥地利享有崇高声誉的心理分析专家威廉·赖克所说:"爱工作和知识是我们的幸福之源,也是支配我们生活的力量。"我们要在工作与生活中认真权衡把握,毕竟工作是为了更好地生活。

在职业生涯中,对工作负责是最基本的要求。我们常常都能听到这样的话,"这不归我管"、"我尽力而为吧"、"我很忙,实在没时间想那么多"、"经理,我们试过了,没办法"。其实很多时候的很多事,并不是不会做、没办法做,而只是不想对做事的结果负责。

一个没有敬业、爱业精神的人,即使有能力也不会得到人们的尊重和接受;能力相对较弱但具有敬业、爱业精神的人却能够找到自己发挥的舞台,并步步实现自身的价值,最后更有可能发展成为广受尊重的人。在我们这个国度里,人不论职位高低,没有贵贱之分,敬业、爱业精神始终如一,人们对从事社会服务的体力劳动者的工作非常尊重。这种敬业、爱业精神随时都可以在机场、饭店、商店等公共场所见到。在机场经常可以看到一些年轻美貌的女子穿着机场的工作服,在一丝不苟地清扫着地面,从她们的脸上丝毫看不到有什么自卑的表情。在饭店用餐,同样有一种宾至如归的感觉。当你用完饮料后,热情的女服务员立即友好地问你:要再来一杯吗?就餐中,她们不停地换盘子,擦净桌面,就餐完毕后,还热情相送。无论我们做什么工作,有多么远大的理想,首先是要把我们的本职工作做好。即使是很普通的人,也应有着很强的敬业精神。

敬业、爱业促使我们养成每天多做一点事的好习惯,把额外分配的工作看作是一种机遇，当顾客、同事或者公司交给我们某个难题的时候，也许正在为我们创造了一个珍贵的机会。即使在极其平凡的职业中，处在极其低微的位置上，敬业往往会给我们带来极大的机会。

心灵驿站

敬业、爱业使我们不仅仅想到我们必须为公司做什么，而更多的想到我们能够为公司做什么。当我们将敬业当成一种习惯时，能够从其中领悟到更多的知识，积累更多的经验，做到了这些明天成功的不单是公司，同样也是你自己。

跳槽有利有弊

俗话说，“有钱能使鬼推磨”。的确，在这个物欲横流的世界里，没有金钱的确是无法生存的。但又有句老话说得好：“钱不是万能的”，钱也有很多办不到的事。这说明，我们不应该盲目追求金钱上的利益。

薪水是很多女人工作的直接原因，一份高薪水的工作也是每个女人所希望的，这不仅意味着女人可以消费高档时装，可以用名牌化妆品，也表明女人可以更加自由地支配金钱。这样一种欲望让很多女人只看见高薪水而忽略了其他东西，于是她们不满足于眼前的薪资水平，简单地为了薪水而跳槽。她们忽略了一份工作背后的很多意义，比如在本岗位积累了几年的工作经验,你对该职位已经有很深的资历,完全可以游刃有余地胜任;甚至你最近几个月还有晋升的机会;你的人缘很好,你和你的同事早已是无话不谈。

为了薪水跳槽还会有很多你自己想象不到的麻烦：你可能要重新作为一个新人去与新的公司磨合;你处在一个新的环境,很多人都还会排外欺生;你必须从第一步开始做起,你又得重新花很长的时间才能“爬到”以前的位置,从某种意义上来讲,这就是一种折腾。况且,你对该公司不是很了解,单单的因为开出的薪水高,这未免过于草率。

何女士是一家网络公司的职员，她能说会道，在业务上更是八面玲珑,与客户情同朋友。通常,有什么活动、好处、聚会,大家都不会忘记叫上她,其中某知名化妆品公司市场部经理陈经理,更是铁到要带她跳槽了。

何女士一听那家报出的薪酬,马上动了心,一再感激陈经理看得起。有了下家,她自然心猿意马了,面对年底的会展和会务旺季,她只是出工不出力,混到两万块入账后便潇洒走人了。

去那家公司报到时,年底春节的大方案基本已步入正轨,由于何女士没有参与前期的策划、准备,一时间也难以插手。虽然陈的态度一如既往,但韩国团队明显孤立她俩，何女士暂时也没有机会通过具体的项目来就证明自己的实力。

更要命的是,公司档次升了几级,薪酬却不升反降。之前何女士是小公司的主任,月薪3500元,但有独当一面的自主权。灰色收入成分极高。现在她沦为公司的市场部助理,虽然月薪8000,但每月都被罚款,加上扣税等等更是惨不忍睹。

何女士单纯的因为挖她走的那家公司开的薪水高而跳槽，本觉得应该有更好前景的她没想到还不如以前，这就是只因薪水跳槽的结果,“偷鸡不成蚀把米”。其实,她忽略了很多因素:年底挖人,挖的并不是你;被表面的薪资迷惑;忽略了行业淡、旺季。当然,她看到更多的是新公司开出的高薪水。

为了更高的薪水是很多女人跳槽的最直接的原因，因为对目前的薪资标准不满意,希望可以有更加自由的支配资金。钱的重要性无可厚非,可是你应该考虑更多的是，你在新的岗位上是不是能发挥更大的价值？而这一点阿雅没想到，这也成了她后来职业失败的直接原因。

诚然，在这样一个竞争激烈的大背景下，只要有能力，女人也可以拿高薪，如果你觉得自己可以胜任更好的工作，如果有一份更能体现你能力的工作在等待你，你可以选择跳槽，但是，千万别只为了薪水而跳槽。

所以，女人们要把握好一份工作的真正含义，不要只看到工作带来的金钱价值，那只是一个方面，更值得我们把握的是它背后的人生价值，包括工作经验，社会阅历，晋升机会等方面。工作给予女人的，是一个积累的机会。女人应该把握好机会，在自己的岗位上发挥自己真正的价值！

此外，职业发展过程中。女白领需要通过个人职业能力、资源、素养等方面的不断提升来使自己增值，这就意味着，界定一次跳槽是否成功的标准在于，新的岗位是否表明自身职业价值的提升、新的平台能否为自身职业价值的增值提供保障，跳槽要符合自己的职业规划。

你至少应该有在某一个还不错的公司里工作3年以上的经历，因为只有这样你才能适当地积累起某一领域里的专业知识、经验和技能，才能获得真正的职业竞争力。同时，3~5年一次跳槽，让你的简历也不会难看。不要做一只点水的蜻蜓，让人觉得你浮躁不稳重。

缺少发展空间可以跳槽，在你职业发展的过程中，最理想的当然是你和公司一起成长，公司的规模越来越大，运营越来越顺畅，你的责任越来越重，职位越来越高。

公司落后而你又无力改变时可以跳槽，泰坦尼克号上的每个人都是失败者——你再能干也阻止不了巨轮的沉没，此时逃生是唯一的选择。所以，当你的企业在市场竞争中半死不活，而你个人又无法改变时，最好的选择就是跳槽，换一个更能发挥你能力的平台。

在成功的时候跳槽，与一般人不同，成功人士的跳槽往往不是在职业的低潮期，这时他们往往会咬牙扛过去，而是在自身职业的春天来临之时选择跳槽，这样他们就能得到新东家更好的条件，有资本谈条件，令自己更上层楼。

终于要离开那个令你“左看右看上看下看”都不顺眼的公司了，在等待交接的日子里,你会怎样做?是大骂公司一通后离开,或者写封辞职信,在信中尽数公司的种种不是?还是其他?

离职时的种种举动,也能反映一个职业人是否够专业。跳槽和做人一样,讲究的是好聚好散。职场很小,跳出了这个公司,日后还是同行,将来还会有合作的机会,所以,不如保持自己一贯的工作作风,善始善终,体面地离去。

心灵驿站

漂亮的离职,会令你的最后一击干净利落,给人留下完美的深刻印象。无论从职业化还是个人发展的角度,遵守良性竞争的原则,恪守商业准则,都是获得职业认可的基石。

当心功高盖主

古代贤臣最怕有句俗语"功高盖主",企业也一样,怎样既为企业创造财富,又不至于让领导觉得你有二心、是个威胁,这里面有很多智慧。企业的领导一般都有些自恋,也就是控制欲比较强,希望别人听从自己的判断,而叶先生恰恰损伤了领导的自恋,不听从、不配合,总有自己的一套小九九,这样会使领导感到失控,感到"管不了他",继而就会产生对他的愤怒,这种愤怒也预示着叶先生快要被开掉了。

你是否对你的顶头领导构成威胁？这种情况经常发生，如某个秘书或办事员，年轻聪明，能言善辩，在众人之中脱颖而出。她很有能力，工作起来似乎永不疲倦，可是，最后她发现自己所有的努力都遭到顶头领导的阻挠、破坏和打击。

你碰到过这种情况吗？现在你是否正在遭遇这种情况？

你的领导因为受到了你的才华的威胁，所以总是和你找别扭、不合作，在这种情况下，本应使你显现出自己价值的那些特性，反而有可能对你不利。

因此，作为成熟的女人，在表现自我才能的时候，一定要把握好分寸，千万不可“才高震主”，引发上司的不满和猜忌，甚至打压、阻挠。

早在春秋时代，齐国有古冶子、公孙接、田开疆三位大将军，三人功高盖主、狂妄自大，齐景公颇为顾忌，想除掉他们，但是却找不到借口。齐相晏平仲以为这种事情只能靠吃的办法来解决，便买了两只硕大无比的桃子，差人送去将军府，说由三位将军自行评论，荐其中两位功劳最大者，食此二桃。古冶子恰好不在，公孙接和田开疆就一人各自食用了一个，沾沾自喜。

古冶子回来后，听闻此事，勃然大怒，他所建功勋要比那两位要大许多，功高而无桃，古冶子觉得这是一个极大的侮辱，遂拔剑自刎。另外两位觉得自己功劳没有古冶子高，但是却贪食了桃，羞愧难当，也旋即自尽。晏子不要一兵一卒，只两只桃子便解决了三个勇士，解除了齐景公的心腹大患，其政治手段可谓是登峰造极。这个故事就是著名的“二桃杀三士”，但是如果没有那两只桃子，齐国的状况也可能发生极大的变化啊！

过于活跃，不知不觉抢了上司风头；彭女士是某策划公司的编辑，刚上班的时候激情十足，人缘很好，上司也很喜欢她。公司有工作 QQ 群，加入后畅所欲言，以至于一不留心就抢了上司的风头。后来才知道，，她没来公司之前，没人敢抢上司的风头，结果她这个愣头青初生牛犊不怕虎，硬是摸了老虎屁股，结果可想而知。

那么，面对这样的情况，职员应该怎么做，才能使自己的职场生命之树常青呢？

首先，在面对领导的决策时，不要总站在领导的对立面，而是要认识到人家才是领导，你不过是领导手下的干将，不要总想当领导的领导。

其次，当自己和领导意见不同，表达自己意见时要顾及领导的感受和面子。

第三，不要让自己的能力成为有二心的理由，起码在领导面前要表现得忠诚能干。

第四，如果你真的觉得不想久为人下，那可以自己开办公司，如果不能够自己当领导，起码要遵守在职公司里的规矩，维护领导的自尊心。

有的上司碰到比自己能力强的下属时，往往会有一些疑心病，会有所提防。怕下属盯着自己的“宝座”。他们总希望下属比自己差一截，让他们有指导的空间，这样才能衬出自己的权威。因此，当你的能力超过上司时。要装装糊涂，不要显得自己比上司聪明。即使自己十分清楚的问题，也不妨多请教上司。如果你能做到这些，你就能让他放心，让他感觉安全，也能取得他的信任。

中国有句古语“枪打出头鸟”，中国的古训也说“谦受益，满招损”，这里“打出头鸟”和“损”人者都是那些有能力扶植和打击别人的人。在中国社会中你如果不谦虚就会遭到别人的嫉妒，群起而攻者有之，暗地中损人者有之，所以说“木秀于林，风必摧之”，“直木先伐，甘井先竭”，“山突起则丘陵妒”。锋芒露尽，就要“先竭”，被“先伐”。尤其是中国社会，更是如此。有多少人因才华出众或遭贬，或丢命。汉代杨修就是因“满”而招损，因“秀”而招“摧”的典型。

心灵驿站

由于你的不经意表现使你对领导构成了威胁，从而产生了对你不利的影响，这种不利的影响是无法克服的。你越能干、越出色，你的领导就越会觉得是一种威胁，也就越发使你无法得到较快的提升。

第八章

优雅美丽才是真正的女白领

繁华都市，漂亮的女人就是一道最美的风景。而其中，那些穿梭于各大写字楼的女白领们，无疑就是这道美景最大的亮点。春去秋来，都市的每一条街、每一座桥都成为展示女白领们性感和美丽的大舞台。

做快乐美丽的白领女人

职场女白领压力大,怎样才能让自己做个快乐美丽的职场女人呢?

自卑是工作最大的敌人,所以你要做的第一件事是寻回自信。拿出当年你在大学里参加辩论赛时的玉树临风,参加卡拉OK比赛时的风姿绰约,还有参加百米跑比赛时的飒爽英姿,告诉自己:我永远是最棒的!

改变心情不妨从改变形象开始,是否记得奥斯卡金像奖得奖片《前妻俱乐部》中的主人公,当她们为自己讨回公道时,改变形象成了至关重要的一点。可见形象对人的重要性。

工作时难免会遭到困难与挫折,这时,如果你半途而废,或置之不理,将会使公司对你的看法大打折扣,因此,随时运用你的智慧,或许只要一点创意或灵感便能解决困难,使得工作顺利完成。

有人说可以从办公桌的物品上的摆置,看出一个人的办事效率及态度,凡是桌上物品任意堆置,显出杂乱无章的样子,相信这个人的工作效率一定不高,工作态度也极为随便。相反,桌子上收拾得井井有条,显出干净清爽的样子,想必是个态度谨慎、讲效率的人,事实也的确如此。

让自己的专业为他人所用,天生我才必有用,相信自己有许多专长。每天想自己会什么?什么因素妨碍自己专业的进步?

适时买礼物奖励自己,完成一件高难度工作时,买束花或植物放在自己的桌上,接受新工作时采购自己喜欢的文具或道具,提升自己的工作士气。

勇于面对问题,解决问题,将有办法解决的问题及无法解决的问题分别列出。有办法解决的问题全力以赴去解决,无法解决的问题先寻求公司支持，精诚所致，金石为开，凡事尽力而为必能得到对方的谅解与支持。

扩大自己的工作舞台，有空时到自己不熟悉的部门看看，了解其他部门的工作性质。多接触其他部门的同事，扩大自己的人际关系。

施展你的人格魅力，在大多数人眼里，人格魅力是最不可捉摸的神秘因子，是一种神秘得近乎神奇的事业推进剂。它是一种迷人的气质和个性魅力，能让别人支持并热情洋溢地发扬光大你的远景，人格魅力能让你成为领导者。

大多数女员工的头脑中都充斥着至少半打要做的事情，你的身心不堪重负时，悲伤、焦虑、恐惧，甚至犯罪感便会随之而来。调节就是把你从嘈杂的思维中解放出来，帮助你消除那些忧虑。找一个安静的角落，摆一个舒服的坐姿或卧姿，把思想集中于你的呼吸。一旦私心杂念闯进来，尽量让它们漂走，重新回到呼吸上来。调节的时间有多长，或者是否能成功地摒弃杂念都无关紧要，重要的是你每天坚持做几分钟。

业务外出要警觉，作为公司的一位女职员，免不了要因业务外出，在外出搭乘交通工具，或中途停留某些场所时，应提高警惕。留意自己的举止。即使是在上班以外的时间与朋友会面，也应避免谈及公司的事情；不要将与公司相关的文件遗忘在外出地点；当对方询问有关公司的事情时，应该采取避重就轻的回答方式；外出时不可为了消磨多余的时间而随意出入娱乐场所。

真诚动人的情感，情感是联系上下级关系的一个重要纽带，是非权力因素影响。作为部门主管要想获得不错的影响力，就必须做到自己摆正位置，以诚待人，以情动人，以诚感人，加强与员工之间的交流沟通；对待不同的意见者，不能采取高压政策，而要善于听取部下的意见，广纳群言，以调动他们的主观能动性和工作积极性，同时还要关心员工的生活冷暖。

工作实绩是衡量一个人的素质高低的砝码。突出的工作成绩最有说服力，最能让人信赖和敬佩。要想做出一番令人羡慕的业绩，就要善于决断，勇于负责，善于创新，勇于开拓；善于研究市场，勇于把握市场；唯有如此，企业的航船才能在市场经济网站的大海中，或“以不变应万变”顶住风浪，或以“见风使舵”乘风破浪，越过激流，避开商战“陷阱”，使企业立于不败之地。当你力挽狂澜以骄人的业绩振兴企业时,你的影响力顺理成章地达到了“振臂一呼,应者云集”的地步。

在办公室幽默活泼,善解人意,豁达开朗,男性公民充分感受到与你共事的幸运和兴奋,各种回报将随之而来——邀请你做女嘉宾,参加盛大的年会;在你遇到难题时会有人鼎力支持。原因很简单,你一向有亲和力,是一个值得信任的好女性。

心灵驿站

微笑会缓解你的压力,让你保持愉快的心情,尤其是面对困难时,要有勇气微笑,因为微笑会带来生活的勇气和力量。的确,人间最美丽的一种表情就是微笑。

气质是女白领的基本素质

女白领真正的魅力主要体现在她的气质上, 这种气质对同性和异性都有很强的吸引力。这是一种内在的人格魅力,而不仅是外表上的鲜亮夺目。这些在奥黛丽·赫本身上体现得尤为明显,她就是个外表和内在兼修的气质女人。

女白领的魅力是一种美,但这种美不仅仅是漂亮。漂亮和美是完全不同的概念。有太多只漂亮而不美的女人,在男人的眼中,她们谈不上有魅力。

女白领的魅力很多会来自她的外表，这包括她的容貌身材、衣着打扮、言谈举止(甚至声音、语调、表情、姿态)等等,这些构成所谓的气质和风度。天生丽质的人可能有许多优势,在此基础上加上合体的装束、优雅的姿态、可爱的表情、生动的语言等等,那么美丽的总分会很高。

美感就是给人以感官上的审美享受，女性的美自然也是从外表产生的,但是这种美感不单单是美丽的脸或窈窕的身材,或是高贵的名牌衣物等,它是女性或内或外的各种因素组合而成的。这些因素凝聚在女性的一言一行上,从而产生美感。

在诸多产生美感的因素之中,气质有着重要的作用。奥尔波特把气质定义为：一个人从内到外的一种人格魅力的质量的升华。人格魅力有很多,比如:修养、品德、举止行为、待人接物、说话的感觉等,所表现的有高雅、恬静、温文尔雅等。所以,气质并不是自己说出来的。而是自己长久的内在修养以及文化修养的一种结合,是持之以恒的结果。

一个天生不够漂亮的女人,如果努力修养其他气质因素,也可以成为很有吸引力的女人,甚至随着年龄的增长而更有魅力,更受人喜爱。

女白领的气质产生美感。在现实生活中,有相当数量的女性只注意穿着打扮,并不怎么注意自己的气质是否给人以美感。诚然,美丽的容貌、时髦的服饰、精心的打扮都能给人以美感。但是这种外表的美是肤浅而短暂的,如同天上的流云,转瞬即逝。如果你是个有心人会发现,气质给人的美是不受年龄、服饰和打扮局限的。

奥黛丽·赫本有着棕色的头发和眼睛,有比利时、荷兰、英国和爱尔兰四国血统。她独特的气质奠定了她在演艺界的地位。

由于体质原因,她不得不放弃她的芭蕾舞生涯。后来,有人要拍摄一部 40 分钟的电影短片,主要内容是介绍旅行风光,片中需要一名会英、德两种语言的少女,装扮成空中小姐向观众讲解风光景物,经朋友介绍,赫本前往应试。十八九岁的她,长得文雅秀美、亭亭玉立。两位导演先后接见了她。

的确,奥黛丽·赫本有着美丽的容貌,这点毋庸置疑。但她带给人更多的则是她的气质美,还有她善良的心。女人的气质是后天环境和教育等多种因素的影响共同形成的,它也有各种表现形式。

女白领的气质美首先表现在丰富的内心世界。理想则是内心丰富的一个重要方面,因为理想是人生的动力和目标,没有理想去追求,内心空虚贫乏,是谈不上气质美的。品德是气质美的另一个重要方面。为人诚恳,心地善良是不可缺少的。此外,还要胸襟开阔,内心安然。

气质产生魅力,魅力会使年龄变化。许多女人在年轻时还新鲜可爱,年纪稍大就变得俗不可耐,让人不想多看一眼。现在有些女孩漂亮得惊人,但又到处看到那些已婚的、不修边幅的胖女,声音泼辣、体态粗俗,毫无魅力可言。所以,年轻的女孩如果仅仅是单纯可爱,就还称不上有女人的魅力。这就像路边的小野花,盛开时还好看,一旦干枯或蒙上灰尘时,就毫不起眼。但是,有些花是可以在含苞时、盛开时、甚至干枯时都很美的,比如玫瑰花,在干枯后颜色褪尽时仍然散发芬芳。有魅力的女人,不仅对男人有吸引力,对女人也同样也有吸引力。

魅力是一种能量,是由内而外散发出来吸引别人的气质。如果说容貌、服饰、身体是魅力之形,学识、阅历、修养则是魅力之本,执著、专注、自信、创意、才气、多情、善良、有情趣、有教养、懂得情绪管理。

气质美还表现在性格上。这就涉及平素的修养。要忌怒、忌狂,能忍辱谦让,关怀体贴别人。女白领开朗的性格往往透露出大气凛然的风度,更易表现出内心的情感。而富有感情的女人在气质上当然更添风采。

心灵驿站

有气质的女白领给人的感觉如同春风吹拂人的脸颊,如同一幅意味深长的国画。它具备超强的“可读性”和“可鉴赏性”。做一个有气质的女白领着实不难,稍加注意平时的习惯、态度和生活方式,从点点滴滴中塑造自己,你会发现原来被人称赞有气质是多么美妙的一件事。

美丽是女白领一生的功课

在这个世界上，真的倾国倾城、艳惊四座的女人到底还是稀有动物，所以懂得这个道理的女人也当然懂得怎么改变自己、弥补自己的先天不足，变得天生丽质。用服装、用发型、用化妆品……当一切能用的都齐全了之后，哪个女人不让男人目瞪口呆呢？

漂亮不分年龄，每个阶段的女性都有她美丽的地方，知道自己的漂亮，学会使用自己的漂亮，天下便无坚不摧，无往不胜——谁又喜欢邋遢的黄脸婆呢？

俗话说，世上没有丑女人，只有懒女人。对美丽的追求，女性什么时候觉醒都不算晚，美丽靠先天的基础，也靠后天的打造。

在健身馆里：一个健美女教练，一面带领一群中年妇女做难度极大的健美操，一面给她们鼓劲说："只要坚持下去，我们就会迷倒100个男人，100个呢！"女性们因此做得更加起劲了，这是一种追求美的不老的心态。

爱自己的女人，魅力永远不会老去。在那个"不爱江山爱美人"的传说中，使英王爱德华先生放弃王位的辛普森夫人，那一年已经37岁了。女人在每个年龄段都有其独特的美，清纯可爱或者优雅大方，有着不同的吸引力。

有很多老一代的艺人和一些知识女性，在她们年老的时候，往往是一头波浪式的银发衬着鲜艳的纯色毛衣，连一些小饰物都搭配得一丝不苟。看到她们，我们的心情就会没来由地平定下来——既然人老了依然可以美丽，那么年华的流逝就不那么可怕了。

人都是这样，从童年到青年，然后成人，又到老年，这种成长顺序是自然的流程，谁也不能将它逆转。我们感兴趣的问题是，在这自然的流程中，应当怎样做，才能把美丽长久保持在我们身上。做到了这一点，就能永葆青春，做到了这一点，就能优雅长久，魅力永存。世间万事万物日日时时在变，人也是这样处于永恒的变动之中。女人容颜的改变，是很自然的一件事，并不可怕，重要的是怎样才能认识自己、接受自己，永远善待自己。

一生做美女，一方面要时时提起心气儿来，用“美丽”二字约束自己，永远不让自己邋邋遢遢地放任下去。另一方面也要有充分的自信，不要对自己不断增长的年龄胆战心惊。

女白领应该明白：第一，年华不会逆转；第二，失去年轻的容颜并不像你想象中的那么可怕。

在国外，有人把皱纹称为“鹅的足迹”，并不把它当做眼中钉对待，有些女子眼角旁的皱纹还是她们精心模仿出来的。

没有“鹅的足迹”的你，也许曾经充满了女孩子的魅力，天真可爱，貌美如花。然而，我们必须踮起脚努力去争取那稳重的成熟美。这种皱纹一定损害美容，它还铭刻下了生活中的喜和悲。既然如此，就以你自己的脸为出发点吧。其实，脸是自己制造的。法国男性和女性都对眼角的皱纹持宽容态度。

女人的容颜是否有吸引力，很大一部分原因在于她的心态，对此，有一段小笑话送给天下的女人。

从前，法国有一个人名叫戈达，他一向以机智出名。一天，一位英国太太问他：“法国女人是不是真的比其他国家的女人更迷人？”

戈达毫不犹豫地说：“当然！因为巴黎的女人20岁时，美如玫瑰；30岁时，像情歌一样迷人；而40岁时，简直就达到完美的境地。”那位太太又问：“么四十岁以后呢？”戈达微笑着说：“太太，你知道吗？一个巴黎女人，不论她几岁，看起来都不会超过40岁啊！”

在《圣经》里，当上帝用亚当的肋骨成全了夏娃的时候，世界上便有了女人，而女人反过来就用美貌和魅力回报了男人。在世人眼里，美女在很多情形下可以得到格外开恩，人们赋予她们更多的机遇，她们可以轻而易举地得到别人千辛万苦才能获得的东西。在生活中，美女总是享受着格外的宠爱,从家庭到社会,从职场到商场,美貌是她们的最大资本。

的确,生活中确实存在着“美女经济”这一特殊的现象:某些女孩学习成绩平平,但相貌出众,与某富翁喜结连理或是靠着上天的赐予成为了大明星;某些女孩成绩骄人却因相貌平平无法施展自己的才华。于是乎,在这种效应的吸引下,很多女人不惜拿自己的身体做美丽的实验品,在手术刀下制造着美丽。不同的人有不同的方法,有的女人却在用自己的方式塑造着自己的美丽。

心灵驿站

做个美丽一生的女人,是很多女性痴痴追求的绮梦。美丽优雅可以吸引更多的眼球,可以换来更多的疼爱,既可以悦人也可以悦己。但是,美丽并非天赐,所有的美丽,都需要用心经营和塑造。作为一个职场女人,不管你是天生丽质还是相貌平平,如果你丧失了对美的追求,即便你再漂亮,也缺乏美的吸引力。

优雅但不刻意

漂亮不等于优雅。这个观念如今基本上人人都能接受。漂亮和优雅的区别,用我们周围的事物来比拟的话,就好比花朵的颜色与香味的关系一样:一朵花可能姹紫嫣红,却不一定暗香浮动,疏影横斜。

卡耐基在“写给女人一生幸福的忠告”一书中说:“很多女士都梦想着自己不管走到哪里都能获得所有人的青睐。为了做到这一点,她们不惜花费大量的金钱和精力来塑造自己的外表。化妆品、文胸、丝袜、漂亮的衣服、昂贵的首饰等,这些东西无疑都成为女士们的首选。在她们看来,穿着性感、珠光宝气、浓妆艳抹的女人才是最有魅力的。"

其实,女士们的这种观念是错误的。我首先澄清,我并不是否认外表的重要性。事实上,一个漂亮迷人的女人的确要比一个相貌平平的女人更容易获得好感。

然而,芝加哥大学心理学院的教授卢克斯·托勒却说:"每一个人对美的认识都是不一样的。因此每一个人的审美观念也不尽相同。然而,所有人在对事物进行评判的时候,都会考虑内在和外在两个方面。其实,很多人有一个错误的观念,那就是把人的内在美和外在美看成是两个互不相关的部分。实际上,内在美与外在美是密切相关的。在很多时候,人们完全可以通过外在的形式来表示自己的内在美,这也就是我们能通过外在的接触来感觉到对方的内在美。特别是对于女人,如果她们想要让自己充满魅力,外在的表现形式是非常重要的。当然,这不仅仅是通过化妆和穿衣。"

女人的优雅也不是物质堆砌出来的,不是抹上雅顿、兰蔻、SK-Ⅱ的香香,穿上什么桑蚕纱什么透到刚刚好就可以的。邪叫时尚,是外在的;而优雅却是由内而外,自然流露,是闪光的钻石,是静静绽放的百合。归纳起来,优雅女人的共性如下:

自信

好莱坞曾拍过一部名为《白宫奇缘》的电影,这是为克林顿大选造势的电影,很多观众一下子就被女主角安妮特·贝宁抓住了。电影中的这个女人太迷人了,她面对迈克尔·道格拉斯扮演的总统先生,浑身发散着自信,让总统先生难弃难离。最初看她也就是个一般的中年妇女;半个多小时后,她变得光芒四射;看完后,连很多女性都觉得她太可爱了。

有赤子之心

就是对世界对生活对自我保持善良真诚美好的终极价值观,不虚伪、不做作。就好比日本明星荒木由美子眼神中的清澈,40岁了,没有世俗中的钩心斗角生活带来的一丝尘染,看不到沧桑人生的痕迹,仍然如孩童一般相信美好光灿的东西。不过,这却是历经坎坷之后的返璞归真,过着孩子般的生活,一种心灵的生活。

有智慧

这一点就不用多说了，科学技术是第一生产力，自己有能力才能独立，才能创造可以支配的美好人生。缺乏智慧的女性往往被称作绣花枕头,大多的下场是一次性自我批发给婚姻,或者零售做大款的“小蜜”,真是女人的悲哀。

现在谁还喜欢像林黛玉那样的病美人？再说了,在工作场合,你成天一副苦瓜相,别人看着也难受,还觉得你矫情,你不是给自己为难吗？

魅力十足,这可是每个职场女性最心仪的赞美之词。魅力不像容貌是与生俱来的,而是完完全全靠后天的修养凝聚而成。上天总是如此公平,当它关上天生丽质的门时,又打开了魅力的窗,让人们看到了比美貌更加动人的风景。

无论任何人，假如见到一个六七十岁的女性打扮成少妇模样——穿着紧身的衣服,头发染得五颜六色,脚上穿着三英寸高跟鞋,戴着别人一眼就能看穿的假乳一定会觉得十分滑稽可笑。这种打死也不肯承认年龄的女性无疑是可悲的,在所有可悲的情形当中名列榜首。这样的女人往往错误地认为,只有年轻的女性才有魅力,因此努力使自己看上去更年轻。这种类型的女性装出做作的媚态、抛媚眼,想以她自认为性感的姿态抓住男性的心,实在有些令人作呕。

有时候,一个文静内向的女孩忽然会做出一些怪异的举动,比如在宴会上放声大笑,很显然,她觉得这样做就会成为宴会的焦点。不过,男性并没有那么笨,他们会辨别真假。

很多平时非常聪明的女性在这方面往往会犯糊涂。她们认为改变自己的装扮风格就能让男性迷惑,进而对自己产生浓厚的兴趣。这种见解是不成熟、不明智的。不要刻意地去伪装自己，改变自己，否则，你和对方都可能会感到不自然，甚至不舒服。我们完全可以发扬自己的优点，克服那些不吸引人的缺点，尽力自然地展现自己最佳的风采。

心灵驿站

一个魅力十足的女人，她必定外表精致优雅，举止得体大方，言谈丰富时尚，声音轻缓悦耳，眼神充满善意。魅力的内涵是外在形象与内在素质的完美结合，而形象和素质都是可以通过学习而得以提高的。

画龙点睛的配饰更显女性魅力

一个简单的饰品也可能成了一个传奇。20世纪50年代，奥黛丽·赫本在《罗马假期》中骑着“铁马”逛街时，丝巾随风扬起的经典镜头，使丝巾成了当时女性的首选饰品，并且风行至今，这种丝巾就是后来的爱马仕。当然，爱马仕对于很多女人来说是一种奢侈品。但一件简单甚至并不昂贵的饰品也能让女人变得异常夺目，也往往能将一个人的气质定性。

拉风的太阳镜。黑夜给了我黑色的眼睛，我却用它来戴太阳镜。对于都市时尚的女白领来说，闲暇时逛街出游，没有一款拉风的太阳镜怎么能行。更何况，现在的工作压力这么大，加班熬夜那是经常有的事，一不小心就会出现黑眼圈。一款太阳镜不仅平添时尚性感，更是具有遮挡黑眼圈的功能。

超炫的手机。手机只是用来打电话的。对于现在的都市女白领来说，除了打电话发短信这些通讯功能，手机更是一款时尚的装饰品。以时下涌现出来的华硕M20手机为例，这款最时尚、小巧的智能手机，就抓住了现代白领们的审美诉求:外形时尚小巧,超薄超极致;娱乐功能齐全,它超高的像素和色彩更是得到喜欢自拍的都市女白领的青睐;而它3G功能,无论是交友娱乐还是与恋人互诉心曲,都变得方便极了,这也让它成为白领们时尚的必备品之一。

漂亮的裙子。做一个精致的都市女白领,衣着的讲究肯定是人们的第一印象。而其中,一条漂亮的裙子无疑会给她们增添很多的分数。无论是初入职场,还是身经百战的女强人,摆脱套装的俗套是她们共同的追求。若想套装也时尚,那么都市白领们还需要花费很多的心思在挑选裙子上面。

精致的包包。男人需要一个好钱包,女人却需要一个好挎包。走在大街上,现在的都市美女们没有一个精致的包包是不好意思出门的。对于女白领们来说,挑选一个好包包的认真程度,甚至要超过挑选男朋友。就目前而言,似乎编织材质的大包在这两年悄然盛行,这种包包以独特的韵味成为女白领们的首选。

走在大街上,细心的人会发现,很多女人穿着普普通通的衣服,但她们的耳环、毛衣链或者手链很美,吸引了很多目光。这就是配饰的功效。配饰往往能起到画龙点睛的作用,它的光芒往往还盖过了衣物或者发型。配饰并不是永远只能当"配角"!当最简单、最平淡无奇的衣服不能胜任"主角"时,就要靠配饰来撑场面了。选对配饰,能帮你立刻"化腐朽为神奇",获得与众不同的效果。配饰的功效往往是我们想不到的。

女白领杨女士,她的手腕因为小时候被棉梗划伤,留下了一道长长的疤痕,从小爱美的她便让母亲编了一条红绳带手链,上面还镶了几颗翠绿的珠子,十几年她从来没摘下过。对于她来说,这似乎也就是她的一只左手。她的同学和朋友也都觉得她的手链很好看,也很有个性。

可能时间太长了,手链有点松了。有一天当她走在街上的时候,突然发现手链不见了。她发疯似的找它,倒不是因为伤疤露出来手腕难看了,而是这条手链已经是她生活中必不可少的一部分。可是整条街那么大,一条手链哪里能找到。她思索着可能丢哪里了,似乎应该在站台上,因为站台上人多,丢掉的可能性比较大。于是她跑回来,令她惊奇的是。有个男孩拿着她的熟悉的手链蹲在站台边,东张西望。

她走到他跟前说:“你……你这条手链是我的。”“哦，我等你半天了，我在桥头看见你丢了,你当时已经下桥了,喊了半天你都没听见,我看这条链子虽然旧了点,但很美,你一定很珍惜它,我就打赌你肯定会回来找,结果你真的回来了……” 男孩解释道。显然他也看到了女孩手腕上的伤疤,女孩不好意思地把手放在了身后。

其实,人的一生几十年,有个小病小灾很正常,也没有谁是完美无瑕的。你的手戴上这条手链真的很好看。”男孩看出了她的心思解释道。她一下对这个男生产生了好感。不久后,他们成了浪漫的一对情侣,一条手链就是他们的红娘。

女性因为佩戴富有个性的饰品,变得与众不同,即使有小小的缺憾,也成为一种美。饰品就好比枝头的鸟儿,整个树林会因为它备显生机,当然,它也不能和夜莺一样重复单调的歌曲,不同的鸟儿会在不同的情况下现身,给予人们不同的快乐感。饰品也是这样,女人会因为佩戴不同的饰品,呈现给人不同的感觉:当你出外郊游,一个太阳帽会让你显得年轻十岁,你会觉得自己还是那么年轻,还是那么有活力;当你在炎热的夏天需要逛街时,身上的披肩让你那么具有女人味,周围会有很多羡慕的目光:当你要开会时,戴上一款女士手表,你会显得更加庄重和富有号召力。

这就是配饰的魅力,小小的配饰看似简单,却能帮助女性实现很多意想不到的装扮效果。美丽需要它点缀,它是点睛之笔。

心灵驿站

有人说,世界没有丑女人,只有懒女人。这条被时尚女白领们奉为至理名言的话,如今已经被越来越的人所认可。的确,每个女人都有机会成为一道最美的风景。那么,对于都市女白领们来说,有哪些时尚装备是必不可少的呢?

穿出你的迷人风采

不管是在公共场所，还是在私人聚会，只要你与人进行交往，你的着装打扮、言谈举止等外在形象就会出现在他人的眼里，并留下深刻印象。可以说，一个女人的外在形象的好坏，直接关系到她社交活动的成功与失败。

服饰、仪表是首先进入人们眼帘的，特别是与人初次相识时，由于双方不了解，服饰和仪表在人们心目中占有很大分量。

穿衣要得体，这是最基本的要求。只要是适合自己体形、漂亮又有新意的衣服，就应当大胆穿着。服饰的个性，也能让人判断出你的审美观和性格特征。服饰式样过时，人家会认为你刻板守旧；太过超前会让人觉得轻率固执、我行我素。这两种情况都让人得出“此人不好接近”的结论，自然会影响社交中的形象。

圣罗兰说：优雅从17岁开始。夏奈尔的话更直接：必须总是正式地穿好衣服、化好妆，因为你也许会在第一个拐角遇到你命运中的男性。女人的气质和品味是花费一生的每分每秒来领悟练就的。漂亮的时装若不能有气质品味融入使之与己浑然一体，美丽便很空洞。

下面是美丽的三个法则：1.全面地了解自己：了解自己的内在心理特质以及五官、脸型、体形等外在的优缺点。如果你不能充分地了解自己，不知道什么样的东西适合自己，就很难恰到好处地展现自己最美丽的一面；2.结合实际，改变观念：探讨形象设计方案。很多都喜欢为自己定下一个个框框或预设立场，自我引导、分析，慢慢地了解、接受真实的自己；3.逐步实践、展现魅力：以轻松的态度来尝试为自己转换不同的造型，可先从一两件衬衣、裙子开始，通过不断验证，树立信心，积累经验，很快你会发现一个完全不同的，多彩的自己，平淡的生活也会因此而变得多姿多彩。

聪明的女人一定要懂得：拥有时髦，并不一定拥有美丽；穿出自己的个性，才能真正穿出魅力。服饰的风格如果不能与自身的气质相配，那么满身的装饰只能是一堆赘物。暴露式的晚礼服穿在性格开朗的女性身上，会使她在宾朋满座的晚宴上充满信心、应酬自如、光彩照人；而生性胆怯的女性裹在低胸露背的礼服里则难免局促不安、手足无措，显出一股小家子气。

适合其实就是最美的，适合也就是最时尚的，也就是无论是什么一定要适合自己，千万不要为了追赶潮流而把自己打扮得不伦不类。

服装是为人服务的，除去该有的功能外，作为想做美丽的女人的话，我们要把每件衣服都当成是我们女人的装饰品，你如果走在街上没人再看你第二眼的话（俗称回头率），那说明你在服装穿着上是失败的，没有不漂亮的女人，只有不会穿的女人，每个女人都有自己的美丽，稍加调整都是美女。

在追求时尚之前，一定要琢磨一下自己的个性、体型、肤色、身份和生活方式是否具备了追求的条件。如果死抱着“别人有的我也要有”的观念不放，那你最多也只能是一个成功的购买者。一味追求他人创造的时尚，说明你对自己缺乏基本的自信。现代女性要学会的是，用自己的眼睛观察自己，相信自己具有与众不同之处。如果仅仅生活在他人的服饰观念中，你所拥有的当然只能是茫然和盲从。

女性的美贵在自然。浮华的饰物也许可以令人一时目眩，但却不会令人永久痴迷。美国著名影星麦诺蒂丝·贝妮十分引人注目，但她却极少修饰自己，常常一身毛衣长裤、一头飘飘秀发，质朴清新。贝妮说：“我的风采在自然。”这对于被时尚重重包围的都市生活来说，自然是沙粒里的珍珠，稀少难求，因而也就更加可贵。

服饰是一种无声的语言，是一个人个性、品位甚至社会地位的象征。很难想象一个把自己打扮得像七彩雀一样的女人，会赢得人们的尊重；而高雅大方的打扮，却能给人留下成熟、稳重的形象，给人以美的享受和启迪。女性的衣服如果富有朦胧含蓄美,那会使她增添不少的魅力。似隐似现、微露其形的衣服,可以使人觉得女性体内隐藏着无限春色;又可使人觉得意犹未尽,而引发对女性形体美的无限想象,产生一种朦胧含蓄的意境,形成丰富的美感与迷人的魅力。

心灵驿站

世界上不存在永远新奇的衣饰,却存在永不过时的品位。拥有几套款式大方、质地较好、色彩含蓄的服装,只要经过巧妙地搭配、适度地点缀,就可以在任何环境中都不失其雅、免于流俗。

女白领不能忘的知性美

知性美是一种聪明的美,聪慧的美。理性、知性与理性,这中间是有很大区别的。理性倾向热情,理性倾向冷静,而知性应该是介于两者中间,倾向聪慧。知性美的人具有比拟丰厚的学问底蕴,对其思想、观念、性格、喜好等方面产生了深沉的影响,因而构成了某种具有文化气息的气质风格,并在言行举止中表现出来,使接触到的人都能感遭到其深沉的文化背景,从而显露出女白领应有的魅力,这是知性美的一大特征。

知性一词,原本是德国古典哲学常用的术语。康德说知性是介于感性和理性之间的一种认知能力,我们中国人喜欢把这种认知能力叫作悟性。

其实,知性美是指一种成熟的、理性的、睿智的、有内涵的、大气的自信之美。无须羞花闭月之容貌,语出惊人之博学,而是独具魅力,不掺杂,不做作,淡定而优雅。

知性是专属于女性的名词。知性让女人遇事冷静、不骄不躁,一个知性的女人有一种成熟美。知性美也是一种聪明的美,智慧的美。知性美也是一种淡定的美,成熟的美。所以,知性让女人更美丽。

知性女人,笑容留香。平凡的你我,只需抬头笑容,就可将人生中的遗憾或心愿变成圆满,变成最后的欣喜。

知性是由知识带来的特质,是处于感性和理性之间的智慧美,而它又偏向理性。它是由文化涵养发出的外在气质。每个女人都不可能有着西施的容貌,人的相貌难以改变,但提高自己的内在修养和塑造自己的外在气质却可以通过一定途径磨炼出来。对于一个女人而言,知性美也是一种高层次的魅力。它表现在内在修养和外在气质上。

女人的知性美不是一蹴而就的,需要一个过程,和女人的年龄也有着一定的关系。女人似水,年轻靓丽的女孩,好比山涧里欢快奔流的小溪,活力四射;而那些人到中年婉约有致、内涵丰富的女子,则像宽阔平稳的江河。虽然落红少了,色彩淡了,可积淀多了,韵味足了。也就自然有了知性美。知性和阅读有关。对书的钟爱,能让女人收获思想,收获人生感悟,从而可以从容地观察世界。

杨澜曾说,喜欢看书的女人,她一定是沉静且有着很好的心态,因为在书籍的海洋里,女孩可以大口吸收营养。喜欢看书的女人,她一定是出口成章且优雅知性的女人。

从她的话中,能看出书对于女性成长的重要性,只有心灵成长,女性才变得具有知性美,面对问题才不会手足无措,才能冷静地思考和解决。

但是,知性女性不代表女强者,也不代表女权主义者。知性女性是一群追求自我幸福生活的美丽女人,她们独立、自信、大度、睿智、有气质、有内涵、有主张,对生活充满希望,懂得如何让本人变得更优秀、更有魅力,懂得如何处置好家庭婚姻关系,更懂得如何享用生活。知性女性是每个女性所崇尚的角色,由于她们晓得本人想要的终究是什么样的幸福生活。

时髦先生杂志上语:这世上最有价值的东西,都是不可替代的。假如一个美女以为能够用美丽换来持久的尊重，就错了，什么是不可替代的呢,知性。

修炼知性美,女人可以从这几方面着手。第一,在为人处世上要具有良好的心态。要诚信坦然地对待生活,保持乐观和开朗的心态,少些抱怨和牢骚。第二,做人要有原则,遇到问题了,要权衡利弊,多想想。遇到不想做的事情你要学会在微笑中婉言拒绝,这样不伤人而又尊重自己、尊重别人。第三,女人要懂得善待自己、善待生活。第四,女人要注意自己的外在气质,这与品位有极大的关系,杨澜说:“在某些程度上,一个人的品位与她的气质相辅相成，品位的高低取决于一个女孩在日常生活里对新事物的发现,品位是自己独特的味道,每个女孩都要有自己的品位,一个廉价的饰品只要戴出了属于它的另类,它也能够表现出自己的品位。”是的,品位的提升也是知性提升的一个重要方面。

总之,知性让女人更美丽,一个知性的女人,会懂得规划自己的生活、情感和事业。能以睿智的眼光看待问题,也会懂得如何提升自己的价值,让自己生活得愉快。

心灵驿站

知性女人,就像一块璞玉,经过时光的细细打磨,越发显得晶莹、圆熟。让你时时感到美丽绵延无绝期,青春辗转不尽头。知性女人就是这样的女人:头脑明晰,心智成熟;有一个健康的心态,一个不老的情怀;秀出自我,体验价值。

化妆与时装的协调关系

时装与化妆的色彩搭配至关重要。两者在搭配时，要抓住服装整体的意象，来决定化妆的色彩。例如，穿在身上的整套服装如果是比较严肃的，则唇膏可选给人以轻快感的颜色；如果服装是印花图案的，则唇膏颜色可选印花中的主要色彩。时装、唇膏的颜色用同色系可产生优美感，相反色系可产生轻快、活泼感。

若穿黑色的上衣，口红可用鲜红色，眼影选苍绿色，颊部微微扫些胭脂即可；

蓝色属寒色系，因此化妆色彩要用暖色系，玫瑰红的眼影膏和口红很合适；

浓茶色系的服装，最宜秋冬季穿着，面部不必刻意化妆，略施柔和的砂色胭脂即可，唇部也用自然色，眼影用浅花色，可起极佳的衬托作用。上衣芥末色，下裳草黄色的搭配很美。

眼影可选绿色系列，口红则用铁锈红色或橙色作为衬托；灰色时装可配明亮粉红的唇膏，眼影选玫瑰粉红，以衬托出高贵和柔和感。

此外清新自然也是另一种美。

电影明星徐静蕾喜欢休闲装，平时也主要以穿休闲装为主。而作为匡威的代言人，球鞋更成了她的必备武器。

徐静蕾说："我喜欢穿球鞋，它让我感觉很舒服，活动起来也方便，而且与许多衣服都能够搭配，球鞋穿在脚上好像总让人有种想蹦想叫的欲望，感觉挺好！"

徐静蕾的休闲装多挑选棉布或非常柔软吸汗的质地，式样简单大方，色彩上讲究较大的对比度，比如，红色的吊带背心配白色中裤、红色条纹腰带，穿红色布质娃娃鞋和彩色袜子，把年轻女孩青春的气质活脱脱地带出来。还有布质网球裙，配上彩色头巾，简单中透着大方。

“我觉得休闲服就是平时穿的衣服，包括逛街、朋友聚会和在家穿的衣服，我所演的角色大部分也是穿休闲装的，就是有比较正式的好像也带点休闲味道。”“我觉得女孩穿套装也挺好看，那种穿套装的白领丽人也特别漂亮，可我还是更习惯穿休闲气浓一点的。再好看的衣服首先要适合自己，穿着舒服是最重要的，然后再考虑颜色和款式。有时候我会把同款不同质地色彩的衣服都放下，却去选择那种质地柔软的。颜色上嘛，看起来觉得配自己的脸色还不错的就选，一般来讲我喜欢黑与白，也比较喜欢浅紫色，北京叫藕荷色的，我以前特黑，穿着不好看，而现在就穿得多了。运动服我喜欢绿色、红色的那种，喜欢比较纯的颜色搭配同色的鞋子，有时候我也会选同色系的包。”徐静蕾说。

因为有学习美术的功底，徐静蕾对于服装颜色的定位十分的精准。“一般来说身上最好不要超过三种颜色，配饰也不能太多，也是最多三件，穿运动类服装最好不带配饰，一来活动不方便，二来也不好看。

美丽而又可爱的徐静蕾在美容方面崇尚清新、自然。“我认为30岁以前的女孩尽量不要化浓妆的好，老人们都羡慕年轻人青春的气血，用太多的粉反而会把脸上的毛孔塞住，而且看上去也不自然，以后用多少保养品也找不回来，如果实在不得已，非要化妆，就一定要勤洗脸。”她建议的洗脸步骤一般是：

先把手洗干净，揉搓起泡的方法根据品牌的不同而不同。一定要先将使用说明读清楚后，再挤出适当的量来。

稍微加一些水并搓揉起泡，最少要搓30次以上。将手掌微弯，让空气一起加入其中，再混合气泡继续揉搓下去。

先将脸打湿，将搓好的泡泡涂于脸上。在泡泡最饱满的时候先从T字部开始洗起，如此一来，脸上就会很干净了。

让肌肤上的泡泡在脸部滚动，就能轻易地将脸上的油污去除，也不要忘记清洗容易堆积皮脂的鼻翼附近。

约冲洗3回以上是最理想的，发髻边及下巴处都容易残留泡泡，所以要注意。

"脸洗干净了，整个人感觉清爽了很多倍，平时出门拍点爽肤水，抹点淡口红就可以了。"

徐静蕾就是这样一个淡雅清秀的女孩，出道以来，人们给了她许多美好的评价，如"人淡如菊心如水"、"清水出芙蓉"，而大多数人认为她更像暮春傍晚的一阵清风，淡淡的卷着白色的花瓣，从容、温暖。

如果是橙色和浅花色浓淡法搭配的时装，化妆的色彩选择应是：唇膏橙色，眼影膏褐色，整个化妆微微抹开，形成华丽感。

穿紫色系的服装，显得高贵。因此化妆的色彩，如唇膏、眼影膏可选梅红色，外眼角用金色抹开，以衬托梅红色的华丽高贵。

心灵驿站

女性在化妆时，在色彩的选择上如果只是片面的追求化妆的色彩，而不注意与穿衣打扮中的肤色、服饰以及气质上的协调，往往会使化妆显得不伦不类，没有美感可言。

女白领的美丽来自个性

罗曼·罗兰说过：有才华的女人可以吸引男人，善良的女人可以鼓励男人，美丽的女人可以迷惑男人，有心计的女人可以累死男人。而我觉得有个性的女人才是真正的女人。女人要有自己独立的个性，才能显示出自己的智慧。

在喧嚣的尘世中，不是每一个女人都有着一张漂亮的面孔或者迷人的身材，但每一个女人都以自己的方式美丽着，她们的个性与众不同，有的冷淡自持，有的宁静淡然，有的热烈奔放，有的冷若冰霜，有的孤芳自赏，有的忧郁哀愁，还有的大气爽朗。这些都是女人的个性，总之，每个女人都应该有自己美好的个性，才会更有魅力。

有个性的女人有时让你捉摸不透，让你又气又爱。她有时会故意捉弄你，得意地看着你掉进她的圈套；有时她也会小心地呵护着你，怜惜地看着你躺在她的怀抱。让你气不起来，却爱到了心底。真正的个性充满了十足的女人味，

女人味不需要粉饰，属自然形成。因此，一两个动作，三四个神态，以至下面列举的这许多女人味的表象，其实都不足以说明它。女人味是说不清道不明的妙，没有具体的形象，只有心甘情愿地被浸染，它使女性有诱人的性感与风情。

1.有“内存”，有修养，却从不显示懂得比别人“多”。

2.通情达理、善解人意，总替别人着想。

3.是个“知性”的女人，该燃烧时就燃烧。

4.有时故意闹点小别扭，看起来真可爱。

5.时不时显现“脆弱”，流泪、轻叹狠抓人心。

6.私事不和盘托出，永远的“神秘美人”。

7.适度裸露，穿高跟鞋，长发长裙地飘过来。

8.常化淡妆，常挂笑容，款款一个美淑女。

9.有时话说一半打住，神秘含蓄很风情。

浓浓的有味女人，一举手一投足都有内容可循，点点言笑关联着她的精神核心。她们敏感而认真，清纯而不简单，成熟又不世故，是越嚼越香的一道美味佳肴。

一般人还认为个性安静的淑女就是没个性，这是一个误区，其实这样的女人就像一本哲学书，让人永远可以汲取精华。这种气质塑造的美更具有持久力，也有着更深厚的底蕴、内涵。这就是一种迷人的个性。个性也不是追时髦、赶流行。保持自己本来“面目”更是一种美。

真正的个性并不是追求外表上的与众不同或者追流行风，这只是标榜出来的个性，真正的个性是内在品质的培养，这样，无论是高贵大方，还是娇小可爱，都能受人欢迎。每一种个性都有它美丽和吸引人的一面，个性并不是靠外在包装而成的，它具有天然性，但这种天然又不是后天无法改变的，美好性格的培养有助于女性更好地展现自己。

可可·夏奈尔，出身卑微，在修道院里长大，不知道自己的父母是谁，在她 25 岁的那年，她在情人的资助下开了第一家衣帽店，之后又开了时装店。假如可可·夏奈尔是一个脆弱的女人，也许今天的时尚界就会少一个著名的品牌。她终身未嫁，男人们一个一个爱上她，又一个一个离开她，她一生大起大落，但是从来没有放弃追求。

她之所以有个性也许不在于她有过多少位情人，而在于她懂得自己究竟要的是什么——她其中一任情人曾经是欧洲最富有的男人——威斯敏斯特公爵，在他们两情愉悦的时候，他赠送给她大量的珠宝，这些珠宝后来成为她设计的源泉；他介绍给她整个上流社会的交际圈子，这使她有机会快速推进自己的事业。后来，公爵移情别恋，但夏奈尔不是杜十娘那样的人物，她并没有在公爵大婚当日“举身赴清池”，而是平静地说：“世上有很多公爵夫人,但夏奈尔只有一个”。

她始终坚持自己的价值,无论有没有人爱她,她绝对不会因为一个男人而使自己神经错乱,她有自己的生活和理想。应该说,夏奈尔影响了一代追求自我价值的女人,她开创了一种新的个性生活范例。

人们都说,有个性的女人是最美丽的,但是不要盲目地去追求与众不同,否则会导致你走入个性的误区。有些女人以为专横跋扈就是个性,冷漠无情就是个性,觉得要有个性就应该摒弃温柔,反传统,这是一种极端的做法,结果到了最后,谁见了都不喜欢你,谁见了都想躲开你。这样的女人不仅扭曲了个性本身所具有的美好意义,更使自己的人生和爱情由于不好的个性处处受限。

心灵驿站

有个性的女人不仅仅是看着装看出来的,她们不会盲目跟风,做事有自己的一套独特见解,办事能力强,有自己的坚持,对待事情的看法和行为也与众不同。

女白领性感攻略

什么是性感?从某种层面上来说,它只可意会不可言传。而美丽呢,从古至今已经有无数的标准了。曾几何时,我们在赞扬一个女人外表的时候,性感与美丽可以相提并论。

女人性不性感原来只是男人单方面的感受,现在女人也在应用它,在服装、演艺界以及评论一个人的时候。过去评估女人容貌,“美丽”二字独霸天下，历千年而不变。这对女人实际是一种不公平，是五官的霸权主义。翻开中国那些陈腐的旧书，说到美人，一律是鼻子如何嘴如何，甚至有“眉如远山，眼如碧波”这样具有环保意识的但无法理喻的颂词。

当女人展示美可以不再依赖五官的时代，必是一个开放的时代，性感是其中标志之一。它使女人由丑变美成为一种可能，所谓美丽是单纯、平面与静态的标准，即足不出户、闲愁无限式的标准。而性感是复合与动态的尺度，由被动观赏走向了主动展示。

看过以下的种种性感窍门，你自会更懂得从内至外，从头到脚去发掘、释放及表达你潜藏着的性感魅力。

(1)拥有童心便性感：事实上，不少女性本身都很孩子气及有张孩子脸，再配合其魔鬼般的身材，凑在一起便是无比的性感。曾经，流行冷酷性感，但在主张返朴归真的大趋势下所拥抱的性感却是先让内心有若孩子般的好奇、天真与热情，你才能在眼神里流露夹杂着纯真及孩子气的另类性感。

(2)皮肤像阳光的流金：凝肌胜雪的肤色固然如新鲜树上熟的桃子，叫人垂涎，但一身阳光肤色配上纤浓合度的身型，何尝不能散发野性的性感。

(3)思考一些美好的事物：那些把眼神抛得远远、嘟着嘴或微微侧着脸、托着腮的表情就更惹人多望一眼。很多人虽其貌不扬，但一旦沉浸在无边“思海”中，脸上自会不期然地多了一分韵味。

(4)呢喃软语绕耳边：法国人之所以被誉为最性感的民族，正是因为法国人表达时充满感性及跌宕有致，而法语又像一种呢喃软语，在适当地方停顿、加强节奏感，并借韵律美带领聆听者漫游于你的思维里。这种像叫人与你的思维一起舞蹈的说话风格，不正是一种性感的经验吗？

(5)秋水伊人会放电：只要有神有韵及满充流盼，眼波便是性感的发源地。秋水翦瞳与微丝细眼其实都能表达出性感的眼神。无论是忧郁的、迷惘的、缥缈的、懒洋洋的、天真带笑的，还是眼中藏着火焰的。

(6)保留性感小痣：耳垂、唇边附近（尤其是上唇右边）与眼角附近的小痣都可以是“美人痣”，说来奇怪，本身性感的人，都在这些部位有颗小痣，以至看来更加销魂。若你的脸上出现小痣，请不要脱之而后快。

(7)弹奏跳舞培养性感：男人弹琴、吹萨克斯，女人拉小提琴或大提琴、跳西班牙舞、探戈时流露的委婉或冷艳眼神，能杀人于无形。懂玩乐器及跳舞的人总会流露一分夹杂着性感的感性与温柔，而这份意念其实比性感更诱人。

(8)性感特区会打扮：女人身上有多个性感特区，如脚踝、耳垂、肩膀、后颈、手臂、锁喉位置，在脚踝部位带条小红绳、小脚链，在耳垂吊个大耳环或小圆圈，在手臂上戴个臂环，戴条精巧的 choker 或项链，都能令女人的性感指数飙升。

(9)穿高跟凉鞋性感锻炼：据东西方性学研究人员研究，经常穿高跟鞋(当然是合乎足部健康的高跟鞋)，会令腿部内侧的肌肉更结实，从而有提高女性性能力的妙用哩!女性的脚踝及脚部早已被性学专家认为是重要的性征。而凉鞋及高跟鞋向来就是女性用。

对女人来说，性感所打破的是一种美丑的不平等，一个相貌平平的女人也可以通过低胸、短裤来风情万种，让世界充满爱。过去，"性感"是好人不大能说出口的词，说出来也要四外看看，像有鬼。现在不，它已经从褊狭不确定甚至不健康的主观印象渐渐变为女性审美领域的尺度之一。

心灵驿站

过去，只有五官端正造就的美丽才是女人可爱的唯一原因，除此没有其他自赎之路。女人的生存权利长期以来受到了美丽即漂亮的恶意挤压。而"性感"这个概念无论多么居心叵测，实质上它对女性美是一种新的诠释与解放。

第九章

健康让女白领神采飞扬

女人如花，即使没有“花容月貌”的美艳，女人的生命也该如花般美丽绽放。人们常说健康美，只有健康了，才会显得神采飞扬。

健康就在你手中

医生有用吗？有用，可以帮助你，不过很有限，只占8%左右。当身体出现不适感后，最先的发现者，不是医生，而是我们本人。谁也不可能像自己了解自己身体那样清楚。比如说，你吃到什么程度算八成饱？你喝了多少酒为适量？你每天要睡多长时间才感觉舒服？你运动量多大正好？这些，别人是无法替你把握的，唯有靠自己在长期的生活、养生中去体验，去总结，去调整，才能恰到好处。健康的钥匙掌握在自己手里。

人生什么最可贵？许多人的回答是健康与快乐。为什么有些人比其他的人更成功，赚更多的钱，拥有不错的工作，良好的人际关系，健康的身体，整天快快乐乐地过着高品质的人生，似乎他们的生活就是比别人过得好。而许多人忙忙碌碌地劳作却只能维持生计。为什么有许多人能够获得成功，能够克服万难去建功立业，有些人却不行？答案是：前者拥有明确的人生目标。

对于你的未来，可能在你的脑海中已经进行过无数次的勾勒；但这里面是否包括你的健康计划？无论什么样的人生都需要一个强健的身体支撑。叔本华说过这样一句话："在一切幸福中，人的健康实甚过任何其他幸福，我们可以说一个身体健康的乞丐要比疾病缠身的国王幸福得多。"

健康是"1"其他都是"0"，人生的各个要素：金钱、地位、财富、事业、家庭、子女都是"0"，只有身体健康才是"1"。拥有健康就有希望，就拥有未来；失去健康，就失去了一切。一个人能力再强，本事再大，就算你是个劳模，荣誉是谁的啊？荣誉是领导的。没有领导的关心、爱护、帮助、扶持，你怎么会有今天的荣誉？成绩是谁的啊？成绩是大家的。没有大家齐心协力，互相帮助，你又怎么能取得好的成绩呢？金钱是谁的呢？金钱是子女的。你就是有金山、银山，你死了1分钱也带不走啊！你只得是空空手来，空空手走。老伴是谁的呢？今天你死了，明天老伴可能跟别人走了！荣誉是领导的，成绩是大家的，金钱是子女的，老伴是人家的，只有身体是你自己的。

健康面前是人人平等的，只要你违背了客观规律，你就会受到惩罚。哪怕你是富豪、你是皇帝，只要你不遵循健康规律，你活的寿命就会比百姓还要短。所以，健康面前人人平等，谁违背谁倒霉，谁顺应谁健康，这就叫好人一生平安。西方谚语"人生如航海"，民间俗话"平安就是福"，都是寓意人生坎坷，山高路险，要像如临深渊、如履薄冰那样地关爱自己。漫漫人生路，处处危险多。在人生的棋盘上，只要有一点失误，哪怕是小小的失误，就可能使你满盘皆输，好像"泰坦尼克号"，一瞬间，庞然大物葬身海底，一生心血化为乌有。

世界上第一例有病历确诊、有尸解证实的冠心病猝死病人是英国著名外科医生亨特，只因一次学术争论，一代名医，一怒之下，一命呜呼。

一位35岁的副教授为赶论文发表，3天3夜未出实验室，发现时已死在实验桌上。

有位企业女高管，工作全力以赴，废寝忘食，结果不幸猝死在连续奔波的旅途中。

女白领最大的渴望是爱名爱利爱攀比，最大的不懂是不懂爱健康，不懂爱家人，不懂爱自己，结果一不慎成千古恨，再悔恨已百年身。过去说：健康是你自己的，只说对了一半，准确地说应当是：健康是属于你和爱你的人的。你的去世，个人损失只是"冰山的一角"，冰山的90%都在水下看不见，你的去世至少造成对10个最亲近的人的直接伤害，对几十个亲友的间接伤害，还有无法估计的事业损失。越爱你的人受害越大，真正的"亲者痛"啊。

面对这种"痛中之痛"，人们岂能无动于衷！许久以来，人们在高估医疗能力的同时，低估了人自身对疾病的防御机能及保持健康的能动性和巨大潜能。

据哈佛大学的一份研究报告认为，幸福长寿的生活往往是一个人在饮食、体育锻炼和如何对待逆境等问题上做出正确选择的结果。世界卫生组织强调："自己的健康自己负责。"健康的获得既不能靠药物，也不能靠金钱，而是取决于良好的生活习惯。

养成良好的习惯，是维持身体健康的基石。越早奠定健康生活方式的基础，养成健康的习惯，以后获益就越大。为了生活的幸福，一定要养成良好的健康习惯。

有人说，女性的健康不仅关系着个人的生活和家庭的幸福，而且是有关国家强盛和民族兴旺的大事。要保持自己健康，不但需要懂得一般防治疾病医学的科普知识，还要努力掌握保持全身健康的总规律。

心灵驿站

在健康面前，财富、地位、权力都无济于事。而顺应客观规律的"聪明"人，才能一生平安，人世间很多事不公平，但上帝是公平的。

合理搭配饮食是健康的保证

几乎每个人都有一套吃的理论。到底该吃什么?这个问题并没有正确答案。体质、年龄、性别的差异,都会使你对食物有不同的需求,有人认为素食有益健康,有人相信肉食才能提供足够的营养,这些说法都不完全正确。

女性饮食养生保健在不同年女龄段应针对不同的情况，食用不同的食物,这样才能发挥最好的效果。

【15 至 25 岁】

这一时期正是女性月经来潮、生殖器官发育成熟时期,随着卵巢的发育和激素的产生,皮脂腺分泌物也会增加,因此要使皮肤光洁红润而富有弹性,就必须摄取足够的蛋白质(蛋白质食品)、脂肪酸及多种维生素(维生素食品),如白菜、韭菜、豆芽、瘦肉、豆类等。

同时,注意少吃盐,多喝水。这样既可防止皮肤干燥,又可使尿液增多,有助于脂质代谢,减少面部了渗出的油(油食品)脂。

【25 至 30 岁】

此时女性额及眼下会逐渐出现皱纹,皮下的油脂腺分泌减少,皮肤光泽感减弱,粗糙感增强。所以在饮食方面,除了坚持吃淡食、多饮水的良好饮食习惯外,要特别多吃富含维生素 C 和维生素 B 的食品,如荠菜、胡萝卜、西红柿、黄瓜、豌豆、木耳、牛奶等。

【30 至 40 岁】

此时女性的内分泌和卵巢功能逐渐减弱,皮肤易干燥,眼尾开始出现鱼尾纹,下巴肌肉开始松弛,笑纹更明显,这主要是体内缺乏水分和维生素的缘故，这一时期要坚持多喝水，最好早上起床后饮一杯(200~300毫升)凉开水。饮食中除坚持多吃富含维生素的新鲜蔬菜(蔬菜食品)瓜果外，还要注意补充富含胶原蛋白(胶原蛋白食品)的动物蛋白质，可吃些猪蹄、肉皮、鱼、瘦肉等。

尽快提升女性自身免疫力，把身体状态调整到最佳，才是饮食养生的根本途径。

1.适量摄入麦麸和粗纤维。女性每日适量摄取，能减少雌二醇的产生，预防女性肿瘤；

2.多喝水，经常喝茶，每天喝点葡萄酒，都能很好地提升免疫力及抗氧化作用。

3.适当吃点动物肝。动物肝富含微量元素硒、锌、铜、镁、铁及叶酸、维生素 B_6、B_{12} 等。有助于促进免疫功能。每周1~2次，每次50克；

4.常吃蘑菇。蘑菇含有抗病毒的物质——“蘑菇多糖”，有助于增强免疫力；

5.多吃抗氧化食物。如富含维生素C的蔬菜水果；含维生素E丰富的核桃等；

6.补充精氨酸。海参、鳝鱼、泥鳅、墨鱼以及山药、黑芝麻、银杏、豆腐皮、冻豆腐、葵花子、榛子富含精氨酸。

那么，女性怎样吃才能多爱自己一点呢？

妇产科专家发现，女性在月经期间每晚临睡前喝一杯加蜂蜜的热牛奶，可减轻或消除经期的种种不适。因为牛奶中的钾可以舒缓情绪，并具有减轻腹痛、防止感染、减少经血量的作用。蜂蜜中所含的镁可镇定中枢神经，帮助消除女性在经期时的紧张情绪。

贫血多吃肝脏：因周期性失血以及生育等原因，约有三成以上的女性存在轻度缺铁性贫血。长期贫血易导致卵巢功能下降，对健康造成影响。动物肝脏、瘦肉、菠菜等食物不仅含铁量高，而且容易吸收，女性可以经常食用。

防止雌激素下降多摄取豆制品：雌激素是女性体内重要的性激素，当它在血液中低于正常水平时，会使女性的生殖功能和性功能受到影响，还会使心脏失去保护。大豆中所含的异黄酮是一种类雌激素物质,可弥补体内的雌激素不足。

妇科肿瘤红皮水果:红苹果、红辣椒等红色蔬果中含有某种天然植物化学成分,可以有效抑制一些妇科肿瘤细胞的生长,同时降低它们对雌激素的反应性,因而具有预防妇科肿瘤的作用。此外,洋葱、紫葡萄等蔬果也具有类似的功效。

防治乳腺癌喝红酒:研究表明,红葡萄皮和葡萄籽里含有一种天然抗癌物质,可避免雌激素水平过高,刺激乳腺组织,使其发生恶变。因此,女性每天喝适量的红葡萄酒(1小杯即可)或吃一些葡萄,其中的天然成分有助女性预防乳腺癌,同时还可预防心脏病。

心灵驿站

只有了解女性的生理特点,才能有针对性地加强保护女性健康的措施。人们都知道"民以食为天"的道理,要维持人类生存的头等大事就是要懂得"吃"。当然科学、合理的饮食,对女性朋友应该是更加重要,因为吃不单是果腹充饥,更是最好的养护、保健、美颜的有效措施。

女白领该如何赶走“鱼尾纹”

鱼尾纹是指在人的眼角和鬓角之间出现的皱纹，其纹路与鱼儿尾巴上的纹路很相似，故被形象的称为鱼尾纹。它是面部皮肤老化中普遍的皱纹。是指人微笑时由外眦区域放射而出的皮肤纹理，随着年龄的增加，在静止休息时也出现。在我国民间习惯称之为“鱼尾纹”，在美国则俗称为“爪形脚”。

从医学角度来说，这种皱纹乃是由于弹力纤维逐渐老化，皮肤水分和皮下脂肪减少，使皮肤失去弹力，且受到皮下肌肉的牵拉而形成的。

除了皮肤自然老化外，主要影响因素还有：日晒史、皮肤厚度、皮下脂肪量、吸烟史以及在微笑或斜视时外侧眼轮匝肌的收缩量。

鱼尾纹的形成，是由于神经内分泌功能减退，蛋白质合成率下降，真皮层的纤维细胞活性减退或丧失，胶原纤维减少、断裂，导致皮肤弹性减退，眼角皱纹增多，以及日晒、干燥、寒冷、洗脸水温过高、表情丰富、吸烟等导致纤维组织弹性减退，导致眼周皱纹增加。

女性最大的美丽天敌就是随着年龄的增长，脸上出现这样的斑，那样的纹，不自觉地泄露我们的年龄。下面介绍几种去鱼尾纹的实用小方法，让你看起来更年轻。

一、鸡骨去鱼尾纹。皮肤真皮组织的绝大部分由具有弹性的纤维所构成，皮肤缺少了弹性纤维就失去了弹性，皮肤也就聚拢起来，形成鱼尾纹。鸡皮及鸡的软骨中含大量的硫酸软骨素，它是弹性纤维中最重要的成分。把吃剩的鸡骨头洗净，和鸡皮放在一起煲汤喝，不仅营养丰富，常喝还能使肌肤细腻，久而久之，鱼尾纹就会减轻了。

二、啤酒去鱼尾纹。啤酒酒精含量少，所含的鞣酸、苦味酸有刺激食欲、帮助消化及清热的作用。啤酒中还含有大量的维生素B、糖和蛋白质。适量饮用啤酒(每天中餐、晚餐各饮150~250克)，可增强体质，减少面部鱼尾纹。

三、口香糖去鱼尾纹。每天咀嚼口香糖5~20分钟，可使面部鱼尾纹减少，面色红润。因为咀嚼能锻炼面部肌肉，改善面部的血液循环，增强面部细胞的新陈代谢功能，使鱼尾纹逐渐消失。

四、米饭团去鱼尾纹。当米饭做好后，挑些较软、温热的米饭揉成团，放在面部轻揉，把皮肤毛孔内的油脂、污物吸出，直到米饭团变得油腻污黑，然后用清水冲洗面部，这样可使皮肤呼吸畅通，减少鱼尾纹。

如何防止鱼尾纹。

首先，要戒掉你平常的不良习惯，比如：不要为了保持形象故意不戴近视眼睛，眼力不好的时候看东西眼睛需要眯着，很容易眯出皱纹。节食要量力而行，体重骤然下降会让皮肤松弛、失去弹性，也能变出鱼尾纹。化妆的女性更要注意，除了晚上睡前要把妆卸干净之外，卸妆的手法也很重要，不要用力地拉扯皮肤。大量的喝水是美容法中最常用的一种，身体内的水分足了，肌肤才会水嫩嫩。

其次，注意躲开让漂亮眼睛失色的六个“敌人”，酒精、香烟、日晒、空气污染、睡眠不足和过期化妆品都是损害眼部娇嫩皮肤的罪魁。

眼部产生皱纹是因为表皮组织干燥变薄，随着胶原蛋白和弹力蛋白的逐渐失去，原来由胶原纤维和弹力纤维交织而成的细筛网状结构受到破坏，才会出现粗细不一的皱纹。

女性面部最早松弛老化的部分是眼睛的下方和上眼皮，虽然没有眼角的三道鱼尾纹显眼，却更脆弱，所以使用眼霜的正确方法是用无名指顺着内眼角、上眼皮、眼尾、下眼皮做环形按摩，让肌肤完全吸收。同时，配合充足的睡眠和大量的蔬菜、水果来保持眼部皮肤的青春。

此外，不暴晒过强的阳光会破坏皮肤深层的弹性纤维和胶原蛋白。在强光下最好佩戴太阳镜，以避免眯眼、皱眉而产生眼角皱纹。

常运动体育运动能促使血液循环加快，使肌肤活动张弛有度，增加皮肤的湿润度，促进胶原蛋白的生成，消除面部紧张状态。

多饮水每日适量饮水可保持皮肤的滋润和弹性。尤其是更年期过后，激素分泌量减少，皮脂腺收缩，油脂分泌量不足，皮肤容易失水。故每天宜饮 6~8 杯水作为补充，但不宜饮含咖啡因的饮料。

忌干燥用美容油膏或乳液保护皮肤，可减少水分蒸发。特别在秋冬季节，每次外出回家，一定要洗脸洗手，然后涂上面油。

睡眠不足，皮肤细胞的种种正常活动会受到阻碍。熬夜之后，最好洗洗脸，涂一点乳液，做一次脸部按摩，然后好好睡一觉。少皱眉平常应尽量避免皱眉、眯眼、撇嘴、狂笑等。因为这些表情经常化以后，很容易造成面部皱纹。

食蔬果平常应多吃些蔬菜、水果、鸡蛋及奶制品、杂粮等，少吃动物内脏和高脂肪食物。

会洗脸，洗脸水的水温应该是近于人体体温即 40℃的温水才是最理想的水温。这是因为用冷水洗脸时，由于肥皂不易溶化，所以难以发挥去污效果；但是如果水温太高，则会使肌肤的水分被热气所吸收，而使皮肤干燥，日久脸部会产生皱纹，失去肌肤原有的弹性和润泽。

心灵驿站

鱼尾纹是人体衰老的表现之一，出现在人的眼角和鬓角之间出现的皱纹，其纹路与鱼儿尾巴上的纹路很相似，故被形象的称为鱼尾纹。

睡掉“黑眼圈”

过度疲倦、曝晒或本身微血管功能弱，都容易引起血液循环差，导致黑眼圈，充足的睡眠及休息才能对抗黑眼圈产生。

黑眼圈是一种常见的困扰女性的眼部疲劳症，根据1992年法国洛昂医师的报告，造成黑眼圈的原因包括下列：

(一)先天遗传或后天性眼皮色素沉着增加；

(二)眼皮老化松弛，皮肤皱在一起造成外观肤色加深；

(三)眼袋出现造成阴影；

(四)眼眶内下侧凹陷形成泪沟进而出现阴影；

(五)眼皮静脉血流滞留造成皮肤眼色加深。

当黑眼圈出现时，不必着急烦恼，这里介绍几种消除黑眼圈的方法。

睡眠不足不仅严重影响你第二天的精神状态，还会为你的皮肤和身体健康状况埋下十足的隐患。

很多年轻的办公一族女性，因为工作和生活习惯等诸多原因，都加入了少睡族的行列。无论是“自发性少睡”的夜猫子，或者被工作压力所困的“晚睡早起”的女郎，都面临睡眠时间太短的困扰和威胁。

个别女人抱着自己年轻，少睡会儿没什么关系的想法，对睡眠问题毫不在意，总以为少睡后只化个妆就能让自己看起来精神漂亮。殊不知，睡眠不足不仅严重影响你第二天的精神状态，造成黑眼圈，还会为你的皮肤和身体健康状况埋下十足的隐患。

美容医生讲，经常睡眠不足的女性，脸色黯沉，出现黑眼圈、惊现小斑点。晚睡能造成肌肤无法顺利代谢,白天积累的色素沉淀不能及时排出。而且,电脑辐射、过强灯光也会造成色素生成,经常出现黑眼圈,还影响美貌。因为缺少睡眠直接导致眼周静脉血管的血液淤积,呈现青灰色;睡眠不足还易水肿,让你引以为豪的瓜子脸变成包子脸。熬夜的人身体新陈代谢会减慢,体内废物和水分很容易积聚。

人的一生有相当一部分时间都是用来睡眠的,因此,睡眠和人的健康息息相关,相辅相成。如何在让自己睡得健康,容光焕发。

选择最适合女人的睡姿十分重要, 现代职业女性往往有失眠、睡不好、睡不足等问题,给女人的睡眠质量打了很大的折扣。据调查发现,八成以上的人认为,自己在睡醒后有脖子酸痛等不适感;有七成人睡眠质量不佳,晚上容易惊醒。出现这几种情况,睡姿是罪魁祸首。

睡眠姿势合理与否与健康有着十分密切的关系。良好的睡眠姿势,对提高睡眠质量很有好处。常言说:"站如松,坐如钟,卧如弓",这"卧如弓",就是说睡觉的姿势。

睡眠时用的枕头不宜过高。如果睡眠呈过度的头高脚低状态,或头高于平体位,则可出现脑部血液供应减少,血氧供应不良,大脑无法得到充分休息。时间久了也容易使人出现精神疲乏、精力下降、工作效率低等不良后果。女人如果长期使用高枕,头部前倾,颈曲就会减小,甚至变直,即可导致颈部软组织劳损,易形成慢性颈肩痛或习惯性落枕。久而久之,颈椎骨关节失稳,就可能发生退行性改变,其相应部位即会形成骨刺,可对脊髓、血管和神经产生刺激或压迫,出现颈肩痛、上肢麻木、头晕或走路不稳等颈椎病。

总之,良好的睡姿是健康的重要保证。女人睡觉前不妨检查一下你的睡姿是否符合你身体的需求,切勿让睡眠成为你健康的绊脚石。

此外,临睡前一个小时内不能喝水,每天睡前在黑眼圈上贴个土豆片。

几种对眼部进行急救的小建议:

1.对于长时间坐在电脑屏幕前的女白领来说,滴上一滴眼药水是缓解眼睛疲劳的好方法。不过要注意,瓶口一定不能碰触眼皮和睫毛,否则会污染药水。

2.晚睡早起的不规律作息让眼睛常常出现水肿，可以在临睡前将两个不锈钢的小勺放进冰箱的冷藏室，第二天早上拿出来，放在肿胀的眼睛上做2分钟的冷敷，眼睛很快就可以消肿，而且还能让眼神看起来更清澈。

3.经常出差的女白领，飞机上的干燥环境与办公室的空调比起来有过之而无不及，补水的装备不可缺少。趁着飞行时间为眼部肌肤补补水，既打发了无聊时间，又能在下飞机时给人以容光焕发的好印象。

眼睛周围皮肤比较娇嫩，应注意日常的护理，特别是涂了眼影卸妆不彻底的话，也很容易造成黑眼圈。另外，吸烟、酗酒等等也会对身体造成影响。

几种消除黑眼圈的小方法，

1.热鸡蛋按摩：鸡蛋煮熟后去壳，用毛巾包裹住，合上双眼用鸡蛋按摩眼部四周，可加快血液循环。不过注意，用后的鸡蛋恐怕是不能再吃了。

2.马铃薯片敷眼：马铃薯(长芽的不可使用)去皮洗净，切成约两厘米的厚片，外敷眼部5分钟后，用清水洗净。当然敷过的薯片也是不能再吃了。

3.苹果片敷眼：苹果洗净切片，敷上眼15分钟后用水洗净。苹果含汁量越高越好。至于用过的苹果片，当然也不能再食用。

4.泡过后压去茶汁的茶叶袋外敷。

心灵驿站

暴晒或本身微血管功能弱，容易引起血液循环差，导致黑眼圈，充足的睡眠及休息才是对抗黑眼圈产生的良方。

不做懒女人

不要总是说没有时间锻炼，这是个蹩脚的理由。如果你说你没时间，这只能说明你想拥有健康体魄和美好身材的愿望还不够强烈。

当女人迈入工作岗位之后，运动似乎就成了男人的专利。职场女白领本身压力就大，如果缺乏必要的身体锻炼，在工作两三年后精神状态每况愈下，就经常会出现腰酸背痛、四肢乏力等不适症状。

目前，男性肥胖比例为50%左右，而职业女性的肥胖比例则超过男性，达到65%左右。一项调查结果显示，大多数职业女性肺活量明显随着工作年限的增加而降低，其主要原因是工作压力大，缺乏游泳、健美操、慢跑等有氧运动。由于职业女性经常在室内工作，身体长时间保持一种姿势，其腰、肩、脊椎等部位都不同程度地存在毛病。

运动与健康的连带关系想必每个女人都很清楚。医学之父、古希腊名医希波克拉底说过："阳光、空气、水和运动，是生命和健康的源泉。"这句话传颂了两千多年。就是说，你要想得到健康，运动同阳光、空气和水是一样重要。

但不可忽视的现实是，职场女白领在激烈的竞争中，没有过多的精力花费在运动上。这就导致九成职业女性身体处于亚健康状态；其中，缺钙问题尤为突出；其次，腰部、臀部脂肪比例普遍偏高。

人的身体有600多块肌肉，必须要经常使用，否则就会萎缩。肌肉不但使我们能跑、能跳，也能帮助消化、促进呼吸、舒收血管、运送血液。如果肌肉不能正常发挥作用，就会影响身体各器官的功能。

女人在年轻时就要及早地为自己的健康投资，不管是为了保持完美的体形，还是为了储备健康的资本，想方设法进行锻炼，是一种明智的举措。据调查统计，健身、瑜伽、爬山、游泳等运动是女人们休闲时青睐的运动。

散步使人放松，登山培养女人的不羁和野性，跑步让生命奔放。

下面是专家提出的适合普通上班族女性的运动方案：

如果你确实想拥有一副好身材，或者不想让自己的身材因为年龄的增长而改变，那么，请你记住：身体锻炼贵在坚持。许多人开始锻炼的时候热情高涨，但却难以持之以恒。

如果你自己在家中锻炼觉得枯燥并且难以坚持，可以去参加健身俱乐部，并给自己制订两个月短期的健身锻炼目标，告诉自己无论如何在这两个月内要坚持下去，而不是说"我每周要去健身房两次"之类的话。

现代女白领往往很忙，闲暇的时间也很少，所以应该尝试在生活中增添运动的元素。如：上班的时候采用步行和骑自行车来代替坐车，多走楼梯少用电梯等。这些简单又行之有效的运动能让你在不知不觉中起到运动的作用。如果经济条件和时间允许的话，还可以参加瑜伽、健身舞、健身操、秧歌、太极拳等运动强度低，持续时间长，不需要较高技巧的运动项目。需要强调的是锻炼贵在坚持，"三天打鱼，两天晒网"无法起到切实有效的作用。

另外，女人们晨练不要做些剧烈的运动，运动前必须做好充分的准备活动，穿衣多少要适中，鞋子宜柔软轻便，以免造成身体不必要的损伤。日出前，不要到绿树丛中锻炼，因为绿色植物在夜间放出的二氧化碳较多，对人体有害。锻炼之后防止着凉，运动时出汗较多，结束后切忌穿着湿衣服吹冷风，应及时擦干身上的汗水，换上干净的内衣。

散步，是日常生活中最简单又易行的健身运动。其运动量虽不大，但健身效果却很明显，而且不受年龄、体质、性别、场地等条件的限制。人常说："饭后百步走，能活九十九"，"百练不如一走"。足以说明散步在保健中的地位。

散步正是消耗体内过多能量，消除肥胖的奇妙处方。在饮食不变的情况下，每两天散步 1 小时，一个月可减轻体重 0.65 公斤，一年可减轻体重8公斤;每天散步1小时,一个月大约减轻1.3公斤,一年可减轻16公斤左右。

散步之所以健身,是由于不拘形式、从容悠闲的散步,通过四肢、躯干的协调动作,可使全身肌肉、关节、筋骨都得到适度的运动,加之轻松愉快的情绪,使人周身气血畅达,给人以轻松愉快、悠闲自得的感觉,有助于缓和神经系统的紧张,减缓白天紧张学习或工作带来的身心疲劳。

要不断变换花样。你可以不断变换运动的形式和时间。例如,今天做做仰卧起坐,明天练瑜伽,后天再去跑跑步、跳跳绳。不断地变换你做运动的内容,就不会感觉到乏味。在时间上也不必非局限在早上或晚上,什么时候想做了就可以去做。你如果习惯在清晨做运动,那就试试把运动的时间改在午间或者晚上。简单的时间变换,会令你的感觉和心境大不相同。

另外,还可参加一些竞争性的比赛。排球、羽毛球等带竞争性的运动绝不会令人感到厌倦。在这些运动中, 容易使人专注于每一次赢球的机会,而专注也可令人忘记周围的一切。

心灵驿站

女白领的运动应建立在科学合理的基础上, 频率、强度、时间以及运动类型都要进行合理的安排。每一次运动的强度根据当时的身体状况而定,不要“过犹不及”并且要求持之以恒。

心理的健康比什么都重要

一个外表新鲜光亮的红苹果，放久了里面会悄悄地变黑，而因为外表仍然是诱人的红润，所以你并不知道它已经变质了，只有当你想起吃它，切开来，才发现这个苹果已经坏掉了。如今这种现象常常被用来比喻职场女性外表光鲜靓丽，心理健康却隐患重重，病痛不断，称之“红苹果现象”。

容颜忽略身体健康

一项由中华医学会与某药业联合进行的，针对职场女性的健康检查数据表明，“红苹果现象”在都市白领女性当中越来越普遍。她们从事着光鲜的工作，外表靓丽，但是却疾病不断，并且，身体健康问题往往被她们所忽视。

该调查显示，不少白领女性由于长时间处在空调环境中，她们常坐不动、不能保证睡眠时间、面对电脑过久、三餐饮食无规律、不吃早餐、不定期体检，这些习惯成了侵蚀女性健康身体的重要因素。

这份报告还表明，妇科炎症是困扰她们的主要疾病，都市女性由于生理结构的脆弱和身体不断地透支，生理结构脆弱，极易受到妇科疾病的侵袭。尤其是阴道炎、盆腔炎、宫颈炎等妇科炎症，更是挥之不去的恶魔困扰着众多女性。

在上海从事证券工作的章小姐说，紧张的工作状态持续太久，现在的身体有点吃不消了。她每天的工作就是围绕一大堆的数据，经常忙得没有时间吃早餐，一旦进入工作状态，就没有间隙活动。有一次公司安排员工做身体检查，章小姐被告知患有胃病和妇科疾病，身体要慢慢调理才能恢复。

中医妇科专家提出，步入30岁之后，尽管依然保持着良好的身材和姣好的容貌，但不少女白领却发现经常感觉力不从心。她提醒女性朋友，要想远离“红苹果”，应该多多注意：首先要保证合理的饮食，多摄取不同的维生素、矿物质、无机盐；其次，选择适当的锻炼。例如有氧运动、腹式呼吸、健美操和自我按摩；最后，要戒烟限酒，培养良好而健康的生活方式。

外表下的脆弱心理

某心理咨询公司进行的一份心理调查还表明：“红苹果”们除却身体上的亚健康外，还有不少带有心理亚健康，她们找不到宣泄途径，不能合理地控制自身的情绪。

哈佛大学和世界卫生组织的研究指出，世界正面临精神病危机，这种疾病不仅损害人的健康，而且给商业经济带来巨大的影响。心理健康和商业经济关系研究所负责人比尔·维尔克森说：“抑郁症是公众健康的头号敌人，在今后20年里，精神病，尤其是抑郁症会造成更多人丧失劳动力，它所造成的危害比癌症、艾滋病和心脏病还严重。”

对于女白领来说，避免精神病困扰的重要措施就是磨炼健康的心理。

“我不仅在工作中要承担重要的角色，还要做很多家务，压力和时间不够用是我们最关注的话题。我们必须承担工作中的责任，保持自身的核心竞争力，但同时，我比我先生承担着更多还有来自家庭生活的压力。”在某公司从事会计工作的赵女士说。

调查表明，在30岁上下的都市女白领中，40.14%在改善整体健康的方法中，认为降低每天的压力会是她们的第一选择。11.37%白领女性表示曾有过寻求专业心理帮助的想法，56.58%指出自己曾经主动采取行动来降低压力，而其中只有1.53%接受过心理咨询。

在某外企工作3年的周小姐称，现在压力很大。晚上总是失眠。有时候会靠吃安定来控制睡眠。这样的状况持续一段时间后，她发现自己精神恍惚，工作中根本不能全身心投入。迫于无奈，白小姐接受了心理医生的建议，几个疗程下来，她的症状才得以好转。

职场女白领经常性的烦躁、焦虑、易怒甚至情绪失控或者抑郁十分普遍，心理健康问题已经变得越来越常见，而面对这样的问题，大多数职场女白领的反应是漠视，即使有一部分人意识到了问题也采取回避的态度，不愿意承认自己出现了心理问题。"张女士表示。

专家建议，职场女白领必须尝试从心理的根源深处产生改变的动力，舒缓压力，调整心态，重塑身心健康的自我形象。现代职业女白领应该懂得把健康放在第一位，因为只有学会关爱自己，才能更好地关爱他人，只有具备一个健康的身体才能更好地投入生活和工作，才能避免"红苹果现象"在自己身上的发生。

心灵驿站

一般而言，许多职场女性只会注意容颜保养，没有认识到释放心情、减轻压力对保持健康的重要作用。这也导致了健康的失衡，虽然维持了表面的光鲜，却忽略了身心的健康。

别让“亚健康”找到你

永远忙不完的工作、复杂的人际关系、烦恼的婚姻、烦琐的家务等等，许多现代女性最深的感受是“活得好累！”。不仅心累，身体也疲劳乏力、反应迟钝、活力降低，对什么事都提不起精神，常常感觉焦虑、烦乱、无聊和无助，到医院里检查，却什么毛病也没有。经常处于上述状态的女性其实就属于“亚健康”。

亚健康形成的主要原因是：

1.超负荷作业，过度疲劳。过量饮酒、吸烟等。

2.长时间睡眠不足会疲乏、心慌、头昏耳鸣、食欲缺乏等。久之导致抑郁。

3.营养不合理？脂肪摄入多，营养过多，造成肥胖、高血压。

4.运动不当。

5.心理不健康，消极情绪包括忧愁、愤怒、悲伤等。

6.外环境影响，空气温度、湿度、日照不足、气压等影响健康。

世界卫生组织一项调查表明，全世界真正健康人仅占5%，病人占20%，75%的人处于亚健康状态。亚健康是介于健康与疾病之间的一种状态，既不完全健康，又达不到疾病的诊断标准。称病前状态。人体有潜在的病理信息，尚查不出器质性病变。如果不给予关注和处理，时间一久，慢慢演变成疾病。

关注女性健康首先要从关注女性的亚健康做起，女性在关注自己身体是否健康的同时，也应经常审视一下自己的精神状态是否饱满，劳逸结合，张弛有度，善于在生活中调整自己的心态。

傍晚，李女士家的一阵急促的电话铃声响起，她拿起电话，是同事小芳打来的，“我恨透我的丈夫了。”“小芳，别急，慢点说”李女士告诉她。她好像没有听见，继续滔滔不绝地说：“我一天到晚照顾小孩，他还以为我在享清福。有时我想出去散散心他都不肯，自己倒是天天晚上出去，说是有应酬，谁相信……”同事接着说，“这些话我实在憋不住了你知道吗？现在我说出来，舒服多了。谢谢你了。”她挂上了电话。

小芳倾诉的方式虽然有些唐突，但她没有选择把苦闷憋在心里。否则的话，很可能忧郁成疾。

你是否经常抱怨朋友把你当做垃圾桶，家长里短的事儿都跟你说个没完没了，本来自己已经很烦了，还要去听别人吐苦水。你是不是经常听到别人莫名其妙的叹气，你心中是不是有一些不快想要发泄出来，却因为碍于面子等无法宣泄。调查显示，很多人都有抑郁心理，工作和生活的巨大压力，让每个人都紧绷着弦，即使有难处也无处诉说，尤其作为女人，心灵的脆弱和敏感更容易促使她们走近忧郁。

而一些性格内向、内心脆弱的女人常常因为夫妻争吵、工作困难、人际关系紧张等而诱发一种持久的心境低落状态，基本特征是情绪低落、兴趣索然，自感思维迟缓、反应慢，不愿与朋友、同事交往等。

忧郁是人类健康的大敌。祖国医学指出：精神刺激引起的抑郁不舒可致“肝气郁结”，现代内分泌紊乱如月经失调等；重则可以导致精神失常，发生高血压以及其他的心血疾病。

女性在现实生活中扮演着诸多角色，特别是一些追求完美的女人，她们希望自己做什么事都让别人满意，无形中就给本来就很忙碌的自己增添了很大的压力。心理学家说，压力容易引起慢性疲劳，也会给心理增加负担，如果持续下去，就会严重威胁到健康。而适当倾诉，可以减轻压力，让你不至于陷入心灵的亚健康状态。

健康不仅仅是不生病，而且还要在身体上、心理上和社会适应上保持完好状态。人在气质、性格、情绪、智力等方面都要求人的社会活动、人际关系、生活方式上处于良好状态。

预防亚健康的方法：

(1)生活要有规律:学会休息,不能健康透支。充足睡眠可以消除疲劳,提高免疫力,抵抗疾病。临睡前不喝浓茶、烈酒,不看惊险小说、电视。睡前热水泡足,喝一杯热牛奶对睡眠有益。午睡半小时消除疲劳,有利于大脑功能恢复。

(2)均衡营养:合理安排热量摄入,增加禽类、水产品类、乳类的摄入量,但要防止过剩;提高大豆制品的摄入量;保持我国"五谷为养"的良好传统,保证能量均衡;

(3)适当进补:硒是人体营养的调节剂,能增强人体免疫功能。人需硒量每天为40微克。海产品、动物肝和精肉及谷类都是硒的良好来源。维生素、锌在细胞的生长中不可缺少。

(4)适度运动:适度运动可以益智健脑,改善不良情绪,防止脑疲劳;

(5)保持心理健康:情绪平静,知足常乐、助人为乐、自得其乐。培养乐观精神:树立正确价值观,多参加公益活动、集体活动。

心灵驿站

有关人士指出,随着社会生活节奏加快,我国女性的工作与生活压力增大,尤其是在繁忙嘈杂的都市,女性亚健康人群越来越多。加强对女性亚健康的预防、治疗等,已经成为现代医学一项重要课题。

女白领的健康离不开水

水是生命之源，人一切的生命活动都离不开水。对于人体而言，水在身体内不但是“运送”各种营养物质的载体，而且还直接参与人体的新陈代谢，因此，保证充足的摄水量对人体生理功能的正常运转至关重要。但是，很多人对喝水的理解仅仅限于解渴。其实喝水也是一门学问，正确地喝水对维护人的健康非常重要。

都说女人是水做的，水对于美容可以说是至关重要，饱满光滑的皮肤离不开水的滋润。水在人体内占到了70%左右，只要缺少一点就对人体功能产生影响。

水的功能：

1.防止老化：人体七成是由水组成的，其比例会随着年龄的增加而减少。所谓老化，就是干燥的过程，人体一生的含水量由70%开始到50%为止，水分流失量会与年龄成正比。

2.缓解感冒：感冒时喝水，能将病毒和其所产生的毒素经尿液排出。流行性感冒滤过性病毒多在低温、低湿环境滋生，保持居家环境及体内的湿润，可减少传染机会。

3.退烧：发烧时，医师常给病人打点滴，将大量的水分直接送入体内，这样可立即减轻发烧，达到退烧的效果。

4.减肥：吃饭前，先喝杯水或一碗汤，可减少饭量，对控制体重有明显的帮助，从而防止发胖。冷水还能使血管收缩，减慢脂肪吸收。

5.护肤美容：皮肤的美丽在于水分与油分的平衡，保养皮肤主要的目的即在“保湿”，保持皮肤适当的水分与油脂，让皮肤光泽有弹性。

6.便秘者经常喝水可使肠腔内保持足够的水分软化大便。

如今水的种类之多，功用之多，让很多女人看的是一头雾水。不管是什么水，拿起来能喝就可以吗？显然不是。为了自己的身体健康，女人要多了解些喝水的知识。

不要等到口渴时再喝水

很多人都是在感到口渴时，才会想到去喝一些水，然而医学专家表明：当人感到口渴时，是中枢神经受到刺激，产生口渴的感觉，这时则说明体内已经缺水。女人一天的水摄入量约为1000~2000毫升，特别是在早上睡醒后，早餐后，晚上睡觉前要注意喝水。每人每天至少喝水6~8次，应该遵从少量多次的喝水原则。

放时间长了的开水不能喝

水烧开后放置的时间过长，会变成老化水，而老化水中的有毒物质会随着水贮存时间增加而增加。因此，最好当天烧的水当天喝完，有实验显示，喝自然冷却、搁置时间不超过6小时的白开水，对人体健康最有利。

早晨起床后不宜喝淡盐水

很多人认为早晨起床之后先喝一杯淡盐水，有利于肠道的清洁，对人的身体健康有利，而实际上，这种认识是错误的。

生理学的研究认为，人在整夜睡眠中滴水未饮，然而呼吸、排汗、泌尿却在进行中，这些生理活动要消耗损失许多水分。早晨起床时，血液已成浓缩状态，此时如饮一定量的白开水可很快使血液得到稀释，纠正夜间的高渗性脱水。再喝盐开水反而会加重高渗性脱水，令人更感口干。再者，过多的盐分摄人对人体是无益的。

法国有句俗语说，“美女生在山上，不生在海边”，意思是说，因为在海边的女性平时摄入的盐量较多,所以皮肤很容易长出皱纹。而山区的女性较少吃盐,皮肤往往光滑细腻。

医学专家们提醒,每天盐分摄入量不要超过6克。盐吃多了不仅会造成高血压,还会直接影响容貌,要想皮肤好,比较科学的方法是多喝水,帮助皮肤排毒。

矿泉水和纯净水是不一样的

纯净水是以江、河、湖水或自来水等为水源,采用蒸馏法、电渗析法、离子交换法、反渗透法等水处理工艺,达到了水纯净、卫生的标准,但在除去细菌和有害物质的同时,也除去了对人体有益的矿物质和微量元素,失去了饮水的营养作用。长时间饮用会造成人体营养失衡,不利于身体健康。

矿泉水是埋藏于地下深部,不受外界的污染影响,并且富含对人体有益的多种矿物质和微量元素的饮用水。经科学测定,人体中元素的丰度与地壳中元素丰度基本一致,所以矿泉水中所含的微量元素和矿物质也最接近人体的自然状态,是理想的矿物质和微量元素补充来源。此外,矿泉水pH值大都在7~8之间,属弱碱性,与人体体液相吻合,有利于维持酸碱平衡,促进新陈代谢。因此,有条件的人可以考虑选择合格的矿泉水作为日常饮用水。

心灵驿站

水是女人生活必不可少的物质。水是生命之源,健康之宝,每个女人每天都要饮用大量的水。身为爱美的女性,更要注重饮水问题对自己健康的影响。

女白领如何减肥瘦身

现代白领女性的快节奏生活导致了很多不良的习惯，为了维持良好体型，节食是她们经常挂在嘴边的事情，而“维持良好体态”已成为了她们的一种生活态度，并以之来约束自己的不良习惯。

许多白领女性认为食物是导致肥胖的主要原因，不敢放开心情品味美食，而更由于加班、出差、应酬等种种原因无法正常用餐，导致了她们的超重。其实，造成超重不应针对单一的食物或饮料。对于需要维持良好体型的白领女性，其实只要维持摄入与消耗的能量平衡就可以有效地控制体重与体型。

有很多的减肥书籍大多把侧重点放在如何控制食物的能量摄入上，恰恰忽略了让人发胖的根源性因素，比如心理压力、不良的生活习惯等等。美国肥胖防治的权威专家，曾任美国国家卫生署预防及治疗肥胖特遣小组成员的约翰·弗尔特教授说：肥胖与否的关键是在于我们摄入能量总量和通过运动消耗的能量总量是否平衡所决定的。保持体重最简单的办法就是：吃动平衡，通过运动将摄入的能量消耗出去。

所以，我们完全可以在享受美食的同时，平日多多运动，把多余能量消耗掉，形成良性循环。保持良好体型。而且弗尔特教授还为中国人保持健康体重提出了7条建议：

1.每天睡8个小时；

2.吃早餐；

3.每天行走60分钟；

4.记录下吃的食物，并计算摄入的能量；

5.监测体重；

6.亲朋的互相支持和鼓励保持健康生活方式；

7.不宜经常穿高跟鞋。很多女白领为了追求美感，每天均会穿高跟鞋，这会令走路时重心向外，不但对骨骼不好，且令身材变形，很易使拇指外翻及有鸡眼等问题出现。

如果你曾为体重计上的几位数值心惊肉跳或是眉头紧皱过，减肥便不是一个陌生的词。从好莱坞大中小号的明星们，到我们这些城市里大中小号的美女们，都在向往着拥有更加富有魅力的身段。如果你从未为自己的体重操过心，那真是令人羡慕到眼红。很多人都为此身体力行地做出了大大小小的牺牲——节食是其中最家常便饭的一种。曾经一度，数着热能进餐的方式显得过时又可笑，无论是减肥，还是保持体重，你都不能小看了吃的力量。

“试过了各种减肥法，总是瘦不下来，看着别人以同样的方法，却轻松就瘦下来了，”怨叹上天的不公平的想法，是很多减重者共同的心声，其实瘦不下来，并非是尝试的瘦身方法无效，而是你的生活习惯不好。

例如：你尝试着减少食量，晚餐不吃任何的食物，却又在睡前抵抗不了饥饿感，而吃了一堆夜宵，我想这样是永远也瘦不下来的，还不如晚餐正常地进食，再来禁止夜宵来得有效。除了饮食习惯该注意外，很多减肥的人，忽略了平常的生活习惯也是会影响到体态的。

尤其是平常站立和坐着的姿势，若没有保持正确的姿势，常常会造成骨架歪斜、驼背、小腹和臀部松弛的现象，而影响了整个体态的美感，因此想要美体瘦身，就要从日常生活做起。

1.合身的穿着，合身的穿着，可以让你时时注意自己的身材变化，一旦有发福的现象，过紧的衣裤，会让你马上惊觉。

2.三餐分量递减，三餐进食的热量，应该保持递减，早餐的摄取最为丰富，午餐只要吃八分饱就可以了，至于晚餐的摄取，则以清淡为原则，而且晚餐后就不可以再进食了，尤其是禁止宵夜。

3.端正的坐姿，端正的坐姿，可以使你的臀部及大腿，保持紧张感，而且臀线也不易变形,更可防止O型腿的产生。

4.多喝水,大家都知道多喝水,可以使肌肤水嫩透明,但别忘了,多喝水也有帮助减重的效果!只要你在饭前喝几杯水,让胃有饱足感,进餐时食量自然会减少。

5.常常缩小腹,你的小腹是否微突啊?这可能就是你平常时,总是弯腰驼背的,任其小腹日渐突出,若想拥有美好的体态,在平常请先保持缩小腹的习惯,不只可强健腹肌,腰腹也比较不易松弛,记得时时提醒自己缩起小腹。

6.保持运动习惯,每周应至少运动3次,而且每次运动都要在30分钟以上,才真正燃烧到脂肪喔!而且可以每周变换不同的运动,不管是游泳、慢跑……只要能保持新鲜感,就可以让你运动得更持久!

时下一种独具特色的运动方法——叫做仰卧半起,比仰卧起坐效果更加明显,和仰卧起坐唯一不同的地方是,锻炼时,上半身不是全部坐起,上半身起来的角度,要和地面保持15度的角度,每天分5次做,每次30下,5次之间的间隔最好不要超过1分钟,做完后轻轻按摩腰腹部。做此运动时,你会发现,腰腹力消耗很大,所以开始做起来比较难。但只要坚持,半个月内,就可以见效。

心灵驿站

腹部是全身最容易堆积脂肪的部位。这里的脂肪因距离心脏较近,又最容易被动员出来进入血液循环造成危害,是名副其实的“心腹”之患。因此,当腹围在90~100厘米以上或腹围与臀围的比值大于0.85时,腹部的脂肪就非减不可了。

健康来自五谷杂粮和果蔬

五谷杂粮是每日饮食的基础,也是预防疾病产生的根本,一说到治疗与预防疾病,人们首先想到的是各种补药、肉类或山珍海味。其实,我们平常吃的五谷杂粮也是不错的“药物”。因为中医有“药食同源”的说法,五谷杂粮的药性既可以用来防治疾病,又经济实用,且没有不良反应。

五谷杂粮是个“大家族”,诸如粳米、小米、高粱米、玉米、荞麦、黄豆、黑豆、豇豆、蚕豆、绿豆、豌豆、芝麻、花生、甘薯等等,都是适合女人日常食用的较为理想的能量来源。

五谷杂粮不仅有果腹之效,还有相当多的药性,如:小麦具有养心安神、厚肠益脾之功,张仲景的《金匮要略》中有一帖著名的甘麦大枣汤,即用小麦、甘草、大枣,以水煎服,可治疗因情绪抑郁或思虑过度、心脾受损,引起的神志不安、悲伤欲哭等症很有良效;

大麦有和胃宽肠之功,将大麦面制成稀糊状后饮用,能助胃气、恢复体力,可用于食道癌等造成的吞咽困难者;

荞麦,能降气宽肠、消积开胃,可用于胃肠积滞、慢性泄泻、水火烫伤等。近些年来,抗癌专家发现五谷杂粮中基本都含有某种起辅助抗癌作用的物质成分,如大豆中的黄酮,可以遏制结肠癌、肺癌、食管癌等癌细胞增殖,是恶性肿瘤的克星。

古语说的好,“得谷者昌,失谷者亡。”我们的先贤从长期的生活实践中深刻认识到五谷的重大养生保健作用。《随意居饮食谱》里说道:粥饭为世间第一补人之物。贫人患虚症,以浓米汤代参汤,每收奇效。患者产妇,粥养最宜。李时珍也说，米油是穷人的人参汤，婴儿食米油，百日则肥白。

谷类食物是钙、铁、磷等矿物质以及B族维生素的重要来源。特别是粗粮、杂粮未经过精加工，可以把糊粉层保留下来，因而也同时把维生素、膳食纤维、矿物质等保留了下来。

中国人极容易缺乏维生素B_1，维生素B_1能作为辅助酶参加碳水化合物的代谢，还能促进食欲，增进消化，维护神经系统的正常运行，对健康是极为有益的，而杂粮恰恰弥补了这一缺失。杂粮中的膳食纤维又具有降糖、增强抗病能力、解毒、防癌、降脂和通便等功效，因而，要达到平衡膳食，增进健康，就必需遵从"食物多样，谷类为主"的原则。

除此以外，我国地域辽阔，就南、北方的饮食情况来看，南方人多食大米，不习惯吃面粉及粗粮，而北方人则正好相反。事实上，这两种摄食习惯，都不是很合理的。南方人应该增加些面食，北方人则应增加大米，并配以各种粗粮。这样才有益于合理营养，增强体质。冬季人体脾胃较弱，应该少吃刺激性及不好消化的食物，如糯米糕、面团等，以养脾气。

国际卫生组织和国际老人协会也曾对长寿老人的饮食习惯做出调查统计：长寿老人中50%的人常吃"五谷杂粮"，多吃五谷杂粮才是健康长寿的饮食标准！

营养学家研究分析，小米、黄豆、红小豆、芝麻等富含优质蛋白质和维生素E。这种维生素能使脑细胞免受自由基氧化的损害，保护肌体的康泰，延缓衰老速度。

因此，在日常，多吃些五谷杂粮对呵护健康是有好处的。

除了常吃五谷杂粮，我们更要多吃水果蔬菜。在日常生活中，不少女性认为只要每天吃足够的水果，就能满足人体所需的蔬菜中的营养物质，其实这是个误区。

一般讲，大多数水果含的碳水化合物多是葡萄糖、果糖和蔗糖一类的单糖和双糖，因此我们吃水果时，总会感觉甜。相反，蔬菜就感觉不出甜昧来。从表面看，单糖、双糖和多糖都是碳水化合物，它们对人体的功用一样，好像没有什么不同。但是从人体的消化吸收和其他一些具体生理作用上看，便不尽相同了。吃蔬菜，即使吃的是根茎类的，也多是淀粉，吃后是慢慢消化，逐渐吸收，人体血糖浓度上升下降的波动就不会很剧烈。

水果和蔬菜虽然都含有维生素C和矿物质，但在含量上还是有差别的。除了含维生素C多的鲜枣、山楂、柑橘等外，一般水果如苹果、鸭梨、香蕉、杏等所含的维生素和矿物质都比不上蔬菜，特别是绿叶蔬菜。因此，要想获得足量的维生素还是必须吃蔬菜。

吃蔬菜时通过烹调加工，还可以从盐、植物油、酱油等调料中获得其他一些营养物质，而吃水果在这方面就会受到限制。

当然，水果也有它独特的功用，比如大多数含有各种有机酸，如柠檬含有大量的柠檬酸，苹果含有大量的苹果酸，葡萄含有酒石酸等等。这些有机酸能刺激消化液分泌，饭后适量吃点水果对消化大有益处。另外有些水果还含有一些蔬菜没有的药用成分。一般而论，水果与蔬菜还是各有自己的特点和功用的，水果既不能代替蔬菜，蔬菜也不能代替水果。

心灵驿站

你的食物才是最好的药物，虽然天底下并没有一种饮食可以治愈所有的疾病，但是不良的饮食的确是引起一切疾病的主因，因此适当，合理，科学的饮食不单可以预防疾病，也可以治病，改善饮食就可以修善身体。

第十章

幸福在自己手中

幸福是不能全部描写出来的，它只能体会，体会越深就越难以描写，因为真正的幸福不是一些事实的汇集，而是一种状态的持续。

幸福的爱要勇敢说出来

爱情是一种很自我的感觉。我们在爱上一个人的时候，说不出具体的原因，即使说出来的，也只是各种褒义词的累积而已，我们所表现的一个个事例，一句句话语，真的就表达了自己所有的感受吗？不能够，我们做不到，那种感觉即使是很好的演员，最棒的演说家，也无法全面表达。

当两个人是亲密的好朋友时，彼此都有满足的心境；但当两个人一旦成为情人时，虽然初期会有一时的充足感，可不久之后，就有不满足感，总希望有更强烈的爱情保证，经常有一种“莫名的欠缺”尾随着，有着某种着急的感觉。

准备恋爱的年轻女性，在和异性交往过程中，不欺骗自己，不要演戏，要好好地反省自己内心的情感动向，依据上述几个指标，仔细地观察、反省并做综合分析，对友情与爱情做出正确的判断。

风度翩翩的男子，虽然具有男子的魅力，但是，他很可能是一个保守而又内向的人，也很可能因为你不曾与他见过而怯场。虽然他想认识你，但因为顾虑重重，很可能保持沉默。生活中这样的情况是很多的：一对本来可以相识、相恋的男女，因各自的心理作祟，或者在一个清风习习的早晨，或者在一个月儿朦胧的夜晚，却擦肩而过了。这种情况固然有一种神秘的美丽，但终究没有收获和拥有，是不是感到有一些遗憾？甚至是终身的遗憾？

有时候，在与爱情的遭遇战中，我们不是输在“不爱”，而是输在不知道“如何表达爱”。下面是求爱的几种方式：

1.坦率求爱法，这种求爱的方式十分简明，直率，不虚伪造作，大胆毫无保留地向对方倾吐自己的感情，宛如那潺潺的小溪，潺潺而流，是属于一种单刀直入、直接挑明的方式。一般而言，对性情直率、表达思想感情喜欢开门见山的人宜用此法。

列宁的求爱也是直截了当。列宁向克鲁普斯卡娅求爱时就直截了当地说："请你做我的妻子吧！"而一直爱慕列宁的克鲁普斯卡娅也回答得很干脆："有什么办法呢，那就做你的妻子吧！"列宁的求爱言语简明扼要，感情诚挚，给人以难以抗拒的力量。

2.制造悬念求爱法，当感情发展到一定程度，就应该抓住时机，向你的心上人表达爱意，恋人为了避免直露的生硬，常常巧妙地动用智能的机敏，使得求爱的方式新颖别致。

3.冲动式求爱法，现代生活中，人们的示爱行为越来越由暗示性而趋向直接的亲昵动作，而且男女的个性差异在一部分开放的女孩中似乎正在消失。这种求爱方式的好处是避免了求爱前的心理负担，它直接，无须拐弯抹角，只要瞧准机会和对方同意就行。这种方法常可使恋爱速成。

恋爱中的技巧主要在"谈"。谈恋爱要达到两个目的，一是增加了解，二是培养感情，从而为今后的爱情生活打下良好的基础。这都是要通过双方思想感情的交往而获得的。因此，双方的交谈起很大作用。

谈恋爱之所以称之为"谈"，也就是这个道理。相爱要知心，知心要交心，这是人们常识的道理。对人坦诚、直率，交心，能博得人们的好感；相反，沉默寡言，胸有城府，处处留一手，就会使对方感到不可捉摸，难以接近。当然，对这个问题的掌握也要适度。

爱，该如何表达，往后它还存不存在，以什么样的形式存在，其实真的只是各自的感受的问题呵。或许，有的人愿意把"我爱你"挂在嘴边，认为这是最好的表达爱的方式，而对方也能从这三个字全面理解他的深沉爱意，说的和听的都不当它是例行公事，这未尝不是一个简便省事的方式；或许，有的人已经忘记了这三个字了，爱情早已变成了一种浓得化不开的亲情，一顿可口的饭菜、一杯热茶，已经就包含了其浓浓的爱意了，对方或许能理解一杯热茶的深刻含义，或许早已习以为常，把这些认为是你应该做的工作了；或许，如故事的男主人，在繁忙琐碎的研究中已经淡忘了爱情，可在那一瞬间，他用生命兑现了曾经的承诺，以他的方式表达了对她的爱。

再笨拙的表达只要发自内心，它就是可贵的，若有爱的对象的心灵相通，就更难得了，那一瞬间必然是美好而真实的。

在恋爱交往中，必须有坦诚的态度。但是这种坦诚究竟怎样表现出来，还要掌握分寸，要适度。坦诚并不等于话多、饶舌。有些人，特别是有些女孩喜欢饶舌，如果是兴奋、快乐，话多一些也是自然的；但是如果过于喋喋不休，就会让对方蔑视与讨厌。也许出于同异性交往的审慎心理和礼貌，对方不得不硬着头皮去听。但是如果这一情况到婚后仍然没有改变，就会成为潜在的矛盾和不幸了。女人的饶舌会失去应有的风度，打破融洽的气氛，败坏对方的兴致，是男女交往之大忌。

总之，女性在恋爱的时候须注意，要倾心交谈，但不要表白过分，无休无止。

心灵驿站

爱，除了心灵的感应与感觉外，还有行动的表白。不论是爱或者被爱，都是一件很幸福的事；可幸福不是等来的，它需要努力，需要创造。爱，需要勇敢地表白。很多男人在表达爱意时，比女人更胆怯，女人们应该学会鼓励那个自己心中也暗暗喜欢的男人。

为幸福嫁个好男人

俗话说得好:“女人干得好不如嫁得好。”嫁一个好丈夫成了很多女孩追求幸福生活的捷径。追求幸福是每个女人的权利,可是这种方式追求来的幸福是没有根基的,经不起任何的风吹雨打,如镜花水月,转眼成空。

女人嫁给有钱的男人,她可能幸福,也可能不幸,因为这里面有太多的不确定因素;而女人嫁给一个一无所有的穷男人——这个“穷”不但包括物质上的穷,还包括没有进取心、没有创造力等精神上的穷,她的不幸简直就是铁定的了。

有人说,爱情是承诺,而婚姻是责任。的确,爱情和婚姻不可同日而语。爱情是甜蜜的,让人回味的,爱情只要两个人相爱就可以。而婚姻则建立在爱情的基础之上,是爱情的结晶,有太多的现实因素,如两个人的家庭、习惯、事业等。

女人不管处于什么年龄,对婚姻都有着美好的理想,譬如说嫁个好丈夫,有个幸福的家庭。可理想并不是空想,女人对待婚姻要有个现实的态度,不现实的态度只会带来不现实的婚姻,而不现实的婚姻也就是婚姻生活不幸福的源泉。

苏格拉底的三个弟子曾向老师求教:怎样才能找到理想的伴侣?苏格拉底把他们带到一块麦田,要求他们沿着田埂直线前进,不许后退,而且仅给一次机会选摘一枝最大的麦穗。

第一个弟子走几步看见一枝又大又漂亮的麦穗,高兴地摘了下来。但是他继续前进时,发现前面有许多比他摘的那枝大,只得遗憾地走完了全程。第二个弟子吸取了教训，每当他要摘时，总是提醒自己，后面还有更好的。

当他快到终点时才发现，机会全错过了，只好将就着摘了一个。第三个弟子吸取了前两位的教训，当他走到1/3时，即分出大、中、小三类，再走1/3时验证是否正确，等到最后1/3时，他选择了属于大类中的一枝美丽的麦穗。虽说，这不一定是最大最美的那一枝，但他满意地走完了全程——因为他知道，自己已经尽可能争取到最好的结果了。

注意那个结果最好的弟子的策略：1/3。为什么这是一个比较理想的比例呢？事实证明，选择最佳对象的最好搜寻策略，就是在冷静地比较若干样本后，选择下一个高于他们全体的那一个。失去最佳选择的风险约有1/3，但是你已经竭尽所能了，而且你还有大约1/3的机会在100个当中挑中最想要的那一个。其实当你在100个人当中挑选时，1/3的机会已经算是不错的了。

当一对男女相爱并想结婚时，他们可能会说，只要两个人相爱，就是喝凉水也是甜的，但事实不见得是这样。

研究结果发现，夫妻的教育程度与为钱争吵的频率成反比。教育程度在高中以下者，常常倾向于为钱争吵，而在大学以上者，这种争吵就大为减少。这很可能是因为较高的教育程度，常有较理想的工作和较优厚的待遇，降低了为钱摩擦的几率。调查还显示，人到中年，不断为钱与配偶吵架的人很多。因为这时候，很多夫妻面临各种问题，钱正好成为引爆点。与如潮水般涌来的年轻人竞争，愈来愈力不从心；孩子逐渐长大，经济负担加重；双亲正需要照顾，这些都使中年人在经济上和情绪上都感受到强烈的压迫。

那么，女孩嫁给穷男人就一定能得到情感上的满足吗？也不尽然。物质和精神并不是绝对对立、非此即彼的，穷男人不一定就格外温柔，格外浪漫，格外尊重你。相反，很多时候，他的自卑容易导致心理变态，生活的艰难会使他性情暴躁，而由于教养上的不足，他往往采取粗暴态度解决生活中的矛盾，甚至发展到暴力倾向。

有这样一个美貌的女孩儿小刘，是名牌大学毕业的女硕士，希望找到一个有钱人赞助她出国。有一个搞投资的男人追她，那个男人为了讨她欢心，给她介绍了许多有钱有事业的朋友，那些男人都比现在这个男人有钱，因此，她为了钱，与刚认识的20几个男老板分别上了床，想赢得人家的信任，让他们给她出钱。但是，最终她什么也没有得到，因为那些男人很快就从她的行为中看出了她的本质，对她没有一份信任感。因为她索取的心，明明白白写在她的脸上、额上，表露在她身体的每一个动作、姿态中。

高学历的小刘本应该也有个幸福的家庭，可她却因一念之差走上了歧途。本来她的婚姻观就是错误的，她太贪恋；其次，她对于婚姻的态度也不现实，这种拿婚姻当筹码的不现实态度导致了小刘被人玩弄和唾弃。

所以，婚姻是建立在相互信任的基础上的，一切以婚姻作交换条件的所谓爱情都是不可能幸福的。

心灵驿站

女人一定要以现实的态度对待婚姻，你要真正属于你的他，他要给你稳定的生活，和你拥有共同的人生志趣，并能承诺给你一个幸福的家庭。梦想固然美好，如果没有现实的态度，它就只是海市蜃楼，昙花一现以后剩下的就是你一个人面对的苦痛。真正幸福的婚姻都是现实的，女人必须要用现实的态度去面对婚姻。

掌握好婚姻这块幸福的“跷跷板”

婚姻的冲突，往往都是由早期一些潜在的小问题开始。正因为问题小，婚姻这块“跷跷板”的倾斜不明显，夫妻都不会太在意，只看到有些不对劲而已。这种小问题，很容易因双方的退缩掩盖过去，但其实“跷向一边”的问题没有得到真正解决。久而久之，一旦发生小孩出生、工作挫折等重大事情，便会成为冲突爆发的导火线。

男女爱情的产生和婚姻关系的巩固，往往是由两类因素相互影响的结果：一类因素是生活目标、价值观念和兴趣的共同性，这是显而易见的；另一类因素的是性格、气质和才能的差异性，这也是不可忽略的。夫妻之间要有许多方面的“同”，同时也要有一定的差异。除了相互适应——即顺应、同化、内化以外，还有一个方式是“互补”，通过“互补”，以求夫妻更加和谐而一致。

几乎所有女人的幸福，都是和婚姻有关的。一个小小的家，深爱自己的老公，可以买些想要的东西，并不用多富庶，只要温暖即可。有天会有自己的孩子，婴儿的哭声充满屋子，显得更加拥挤而充实。

许多男人都有错误的观点，觉得让女人幸福，就要给她多么好多么豪华的生活条件。真的不是这样，对女人来说，爱人和家庭，永远是比物质重要的，就算再拜金的女人，心里也有牢不可破的爱情梦。

所以女人幸福的根源，就是爱情，就是婚姻，就是家庭。婚姻学家认为，生活中绝大部分夫妻的婚姻危机，并不是我们平常所理解的“对方不忠实”、“生活不协调”、“苛求对方”等，而是由于双方没有处理好像“跷跷板”

一样的婚姻平衡问题。夫妻间情绪上相互支持、相互了解，是婚姻幸福的最重大因素。

看来，无论我们怎么去解释婚姻，都难以说清楚。台湾作家吴淡如说过，婚姻如同一双鞋子。的确，很多年轻人因为年轻气盛不懂婚姻而陷入不幸。如同我们年轻时买鞋子一样，挑选的往往是最华丽、最高贵、最能提升自己高度的高跟鞋。即使再难穿也没有关系，自己都可以忍耐。直到脚底起泡、疼痛难耐的时候，才发现原来鞋子最重要的作用只是陪自己走路而已，舒适就好。虽然年轻时，谁都可以因为一时的冲动买错东西，也有资本付得起那些高昂的“学费”，但对待婚姻却不能如此轻率，婚姻的失败可能会毁掉女性一生的幸福，很多时候是无法弥补的。

幸福的婚姻是需要经营的，其实每个女人都希望与自己心爱的人“执子之手，与子偕老”。婚姻对于每一个女人来说都是神圣的，女人在情感上的专注与执著，注定了婚姻是女人一生的幸福追求。但婚姻却不同于恋爱，法国剧作家尚福尔形象地比喻“恋爱有趣如小说，婚姻无聊如历史。”

从众多幸福的婚姻中，我们可以发现，它们都有着诸如理解、宽容、信任、体贴、忠诚、和谐的性等这样的关键词。而不幸福的婚姻，大部分是两人初结婚时情投意合、如胶似漆，随着时间的推移便被无休止的争吵所代替、或是从埋怨渐渐走向疏离、或是由不断猜疑走向决裂。

那么，作为女人，应怎样注意婚姻平衡并去建立巩固它呢？

(1)家庭环境发生重大改变时，就都要特别警惕。比如小孩的出世就很可能导致婚姻的困扰。

(2)切不可忽视由焦虑引起的生理症状。比如：疲劳、忧郁或模糊的不顺畅的感觉，这些常常是婚姻破裂的前兆。

(3)家庭中是否形成了一些不寻常的“小团体”。一个无法由配偶获得情绪上满足的丈夫或妻子，常会由父母或小孩身上寻求，因此与父母或小孩形成不寻常的“小团体”亲密关系。

(4)在环境变迁时期，婚姻是否较以往不满意？如果是，那么就可能有麻烦的存在了。

夫妻相互的容忍，是婚姻平衡不可缺的因素。因此，夫妻双方就像坐跷跷板的两端一样，各自都必须调整自己的位置，否则就无法达到稳定的关系。

婚姻破裂的最主要因素，不是夫妻间的差异，而是无法适当地处理这些差异。所以，唯有相互的容忍和适应，才能建立常衡的婚姻。

婚姻中人们组成了一个家，世上再也没有比一家人更亲的了。但婚姻中的每个人又都是独立的个体，有自己的空间天地、有自己的思想文化，有时在价值观上也有较大的分歧。婚姻的弹性就是要允许双方存在差异，给对方一定的空间自由，尊重对方的价值差异，不强求一致。

有人提出："夫妇互不干涉私生活"。这种提法虽然有点绝对，但只要双方的私生活不危及婚姻的稳定，不破坏双方的感情，不伤害自己的家庭，当然是可以保留各自的隐私的。只要我们对"夫妇互不干涉私生活"进行正确的理解，对我们的婚姻关系的维系是有好处的。这里的私生活只要不涉及原则问题，是可以做到不干涉的。

许多女人觉得，结婚嘛，只要自己足够爱对方就可以幸福了。事实当然不是这样。因为婚姻不是一个人，而是两个人的，

压力太大，要求过苛，会破坏婚姻的弹性，让婚姻处于压抑状态，最终爆发婚姻危机；压力太小，过度纵容，则会让婚姻面临分崩离析的境地。因此，婚姻的弹性要保持，但一定要适度，既要放得出去，又要能够及时收拢回来，就像"跷跷板"一样，要以家庭为中心，以感情为圆点，这样才能不让婚姻之舟偏离航向。

心灵驿站

有人说，婚姻是座围城，里面的人想出来，外面的人想进去；有人说，婚姻是坟墓，埋葬了人们美好的爱情；有人说，婚姻是吝啬鬼，忍受不了第三个人进来分享一杯感情的羹；有人说，婚姻是一场二人合演的戏，戏里永远分不清主角和配角。

当好幸福家庭的“财务部长”

“男主外、女主内”是中国的传统。过去有调查显示，全国有65%的家庭财权由妻子来掌握，15%是共同来管理的。由此可见，在庞大的理财生力军中，女性占据了主要位置。但是，家中的“财政部长”也不好当，面对日趋沉重的生活压力和琳琅满目的理财产品，了解自己、设定目标、学习充电是当务之急。

都说男人决定生活的层次，女人决定生活的品质。有计划地开支，有目的的消费，是确保家庭财政正常运转的基本原理，作为家庭主妇，只要善于总结和学习好的理财经验，在家庭开支上做到节俭有度，就一定能使家庭财政动作自如。

时下有把丈夫比作“搂钱的耙子”，把妻子比做“装钱的匣子”的说法。尽管现代社会中，女性同男人一样，也在外面“搂钱”，但多数家庭的日常开支还是由妻子掌管的，大多数的工薪家庭，家庭收入尚未达到富足的地步。因此，要合理安排好家里的开支，还要积蓄一些备用金，才不至于“捉襟见肘”，出现经济上的困窘。

许多理财专家都对年轻的家庭提出了警告：如果要应付紧急事件，至少要存下3个月的收入。但是，想一次存很多钱是非常困难的。如果一次存2000元，和下一次却相隔了几个月时间，结果根本存不了多少钱。与其断断续续，不如每月固定存下500元或1000元的效果更好。

家庭的预算计划必须得到全家人支持。由于每个人对金钱的态度不同，往往会受到教育程度、气质和经验的影响，所以应该经常举行家庭讨论会,消除意见上的不合。

中国女人想当“财政部长”的不在少数,只是有的很有招数,老公会乖乖地将自己的收入划拨到她的账户上,而有的却只是有其心无其力,老公总是不放心把钱交给她。其实,对于一家人来说,妻子当“财政部长”统管全家经济大权并不是不可,只要是对于家庭有利。

在家庭的日常生活中,当主妇的应该问自己以下问题:你是否知道,人寿保险可以给你的家庭提供什么基本需要?你是否知道一次性付款和分期付款的不同之处,以及各自的好处?是否知道很多种不同的付款方式?是否知道现代人寿保险的双重意义?对于你的家庭来说,这些问题都非常重要。

花钱,对于女人来说无疑是一大享受,有的女人,花起钱来随意性很强,看到喜欢的东西就要买,因此家里堆满了许多并不需要的东西,而有的女人则花钱有度,有目的性有计划地根据需要买东西,作为掌管家庭财政大权的主妇,两种不同的开支方法必然会使家庭财政出现不同的局面。

大家都知道:金钱不是万能的。但如果我们知道如何有效处理自己的财务,就可以给自己和家庭带来幸福、安宁和效益。

你必须是一个不乱花钱的贤妻。掌管经济大权的目的就是要使丈夫的钱不被乱花掉,而不是只不让丈夫多花,自己可以随便花胡乱花。为此,你至少要做到不赌博、不包二爷、不要有过高的生活奢求。否则,你便不够“财政部长”的资格。

温斯顿·丘吉尔说:“聪明的人能够很好地安排有限的收入,他们会享受到用钱的满足感,但绝不会为钱所用。”作为女人,学会理财是轻松生活的一项基本功。女人学会理财的第一步就是要学会消费。首先,一定要谨记“够用就好”的原则。拿买房做例,现在的房价实在太高,所以有人攒够了首付可以买房时,就一心要一步到位,买个大三居。其实,一对小夫妻,如果不和父母住在一起,买个两居室就足矣。

谈到理财,女白领也不可大意,有很多初涉职场的“月光族”因为还处于单身或准备成立新家阶段,相当一部分的女性没有太多的储蓄观念,自信、率性,“拼命地赚钱,潇洒地花钱”是其“座右铭”,“月光女神”随处可见。

但是,现在也是培养出色的家庭"CFO"的好时机,没准哪位优秀男士正在寻找你这根好苗苗呢。

刚刚步入两人世界的女性,为爱筑巢,随着家庭收入及成员的增加,开始思考生活的规划。因此,大多数女性开始在消费习惯上发生巨变,"月光族"的不良习惯开始摒弃,投资策略也由激进变为攻守兼备。

这个阶段的女性已经开始有一定的理财意识,并且家庭收入比较稳定。建议这阶段女性应尽早进行理财规划,多花些心思商讨两人组成家庭后的理财大计,要善于整合整个家庭资源,合理分配。

对于初为人母的"半边天",家庭收入更加稳定并形成一定规模,有很强的子女关怀意识,消费意识逐渐减弱。个人养老、子女的大学教育、应付突然事件等理财需求提到日常议程,需注意适当降低风险产品投资比例,注重资金的流动性。

这一阶段的女性都较为忙碌,兼顾工作和照顾孩子、老人、丈夫的多重责任,承受着较重的经济压力和精神压力。大多数女性,在收支控制上已经比较能够收放自如,善于持家,但还缺乏一些综合的理财经验。

43~50岁的女性,子女已独立,忙碌了一辈子,投资策略转为保守,为退休养老筹措资金,理财手段以精打细算、稳中求胜、开源节流为主。

心灵驿站

在大多数的家庭里,男人们都习惯于把收入交到女人手里,由女人来掌握家里的日常开支。如今社会女性经济的独立已经是不争的事实,出于细腻的天性,她们往往还掌管着一家的财务大权,即家庭CFO(首席财政部长)。所以一个女人理财能力的强弱,往往是家庭日子过得好坏的主要原因之一。

善于打扮尽显幸福妩媚

追求美是女人的共性，但总有许多女人却因为求美心切把自己打扮得过犹不及。之所以这样讲，那就是她们或许原本青春朝气，却要模仿别人的端庄成熟，原本成熟风韵却硬是要像人家小姑娘那样弄出些红衣绿裤歪帽子嘻哈，显然这种美是很不得体的，尽管她们的愿望是好的，但总会让人觉着像吃了一只苍蝇，折煞了风景。

男人们说过，对一张细致的脸说话要比对一张粗糙的脸说话有耐心得多，尽管男人说出这样的话使大多数女人不满，但这又确实是不争的事实。因此，女人的脸部呵护是极为重要的。护肤品的选购和应用绝对不能偷懒，因为它关系到你的面子工程。

但大多数女人会说护肤过程比较繁琐，无法坚持。可你有没有试过，在家里敷上面膜后，打开音响来几典席琳·迪翁的歌，然后倒在沙发上闭目养神的那种享受呢，尤其是当你看到一张容光焕发的脸从面膜后脱壳而出时，你的内心又是怎么样的喜悦呢？

打扮自己不单是一种行为，更是一种自我调节心境的好方式，也是减压的好途径。因此，贵气女人的第一要点是，忙中偷闲的生活方式。

注意事项：妩媚的打扮要点在于精致中却不露痕迹。装饰一定要恰到好处、点到为止，千万不可弄得一身矫揉造作之气。

从生理的角度看，夫妻之间是建立在性意向的基础上的一男一女的结合，一方是被对方的异性特征吸引着才走到一起的。因此，妻子要吸引住丈夫，还有赖于多多显示其女性特征。让丈夫觉得，自己的妻子是个典型的异性,是一个地道的女人。

女人的妩媚是离不开外表的,再丰盈的内涵,再充实的底蕴,都必须以外表为依托。所以,女人必须要懂得装扮自己,它至少具体表现在:明白自己的外表类型,知道自己长相上的长处和不足,从而去配合自己的发型,决定穿什么颜色的衣服,并且在什么场合下搭配什么样的服饰……诸如种种,这都是一个气质型女人所必须具备的最基本的素质。总之,装扮是女人必须终生钻研的学问。

为此,女人经常适当地打扮一下是必要的。

比如,穿上一套时新得体的新裙子,可以把女人的性特征更好地表现出来,一种新鲜感会使对方眼睛为之一亮。在对方的赞许之下,你可以继续这样做,他肯定会被你紧紧吸引住。

为了取得更好的效果,在如何打扮方面,可以征求老公的意见。要防止过分,搞得庸俗怕人。其实,打扮比平时稍有变化就够了,在对方熟悉的眼睛里便会闪出热情的欣喜来。

现代社会中,受过高等教育的女人越来越多,但受过4年的高等教育不等于可以吃一辈子老底,社会知识更新越来越快,如果不及时加强营养,你很快就会变成一个营养不良的生锈女人。

摄取营养的方式多种多样,不只是单纯地看书、学习。比如上网浏览、交流,欣赏一部出色的好电影,经常翻阅一些出色的时尚杂志,学学电脑和英文。只有不断加强营养,贵气女人才能在炫丽的生活中游刃有余,潇洒自如。生活也将因此更加丰富多彩。

羞涩是妻子温柔的艺术,它自身是平静的,却饱含着含情脉脉的情调。它不仅是情窦初开少女用来传递爱情的特殊语言,更是婚后夫妻间表达恋情的信使。温柔,永远是女性词典里分量最重的一个词语。再优秀再完美的女人,都需要以温柔作为传递的媒质,才能向周围的人展示她的气质和魅力,否则,美就变得浮浅、短暂甚至是雷人。一个温柔的女人总是能润物细无声,不轻易发怒,遇事能忍让,对人和蔼体贴,从而把上帝赋予给女人的,而男人最需要的阴柔之美展现得淋漓尽致。

然而,现实生活中不少妻子们往往忽略了这一点,一经洞房花烛,特别是自己当了妈妈之后，在丈夫面前羞颜尽扫，赤诚代替了神秘。久而久之，爱情变得单调乏味，甚至令人有窒息的感觉。

因此，妻子们要时常注意用羞涩来激发丈夫的爱恋之情，丰富夫妻生活情趣，提高夫妻生活质量。

此外，懂得爱护自己的女人一定懂得打扮自己。因此，从头发的样式、护肤品的选用、服饰的搭配到鞋子的颜色，无一不需要你细心地面对。从头到脚的细致，当然是需要花很多的时间和心思的，因此，要想做妩媚的女人就必须从做细致的女人开始。别小看了细节，也许仅仅因为指甲油的颜色不合衬也会导致你的前功尽弃。

要注意的是，衣服是女性的第二皮肤，虽然赤裸具有一种自然的魅力，但遮掩可以引起丰富的想象，增加神秘的诱惑力。长久地显露某一部位，便会失去了神秘的因素，从而丧失了魅力，正如一位作家所说："合适的衣服比裸体有更多的诱惑力。"

心灵驿站

妻子在家庭生活中，欲对丈夫保持终久不衰的美感，就应学会朦胧的艺术，创造朦胧的美感，尤其在内衣的选择上，无论是品牌还是颜色都要动一番心思，哪怕是老夫老妻，也尽量避免淋漓尽致地暴露无遗。

幸福婚姻不可失去自我

当代贤妻良母十分注重保持在家庭婚姻中的独立意识和独立人格。而在婚姻家庭领域保留一份自我空间，又是女性不失自我，保持独立性的首要条件。

程女士原本有一份不错的工作，一年前因为女儿开始上小学无人照顾，便辞去工作做起了全职妈妈，专心照顾孩子的起居和学习。自从做了全职妈妈，程女士的生活发生很大变化，生活的全部就是家庭这小小的阵地，每天学校和家两点一线，包揽了所有家务和孩子的功课辅导，所有的心思和精力都放在家庭和孩子身上，没有一点私人空间，用程女士自己的话说，像个老妈子一样从早到晚，任劳任怨，而丈夫，抱怨表嫂脾气不好，时常因为小事生气而争执，没有了先前的温柔和体贴，丈夫的工作很忙，回到家天天面对程女士的唠叨和怨气，心理自然也不舒服。

其实，像程女士这种婚姻中的女人，应该是一个独立的女人，经济独立、精神独立、生活独立。如果女人一旦成为男人的附属品，没有了自我，是件很可悲的事情。

你要有自己独立的圈子，纵然家庭和孩子占去了我们生活中的大部分时间，但那绝不是生活的全部。不要为了家庭和孩子放弃自己的追求和爱好。

爱情是有空间的，男女各自占有一半。如果一方失去自我，就会被另一方全部占有，这就失去了爱的基础。以往，男女相爱总爱这么说："为了爱情，我可以牺牲自己的一切。"其实，为恋人牺牲自己的一切，体现了依附的观念。而今,恋爱期间的女性,要注意保留自己的一个空间,这个空间除了容纳爱情外,还容纳事业、志趣、爱好……

家庭也是有空间的,人们除了在这里休息、睡觉、生儿育女,还可以成为学习、工作的“第二阵营”。你在婚前生活的爱好、习惯、生活方式、性格等,不一定因为家庭成员的强制而改变。在生活中,你不单单是同恋人、家人的感情,还有与同事、朋友的感情,不论对方是男是女,都没有被别人剥夺的权力。

你要保持思想的相对独立,思想独立,意味着你在精神上不依赖于任何人,即使你爱对方爱的要死,也不能把他拴在你的裤腰带上,给彼此独立的生活空间,保持精神上的相对独立,有自己的主观意见和做事原则,而不是人云亦云,做别人的点缀。

在生活中,你可以保留一份感情空间,用来爱自己。你心中的某些隐秘可以不对家中成员说,你有封闭这部分感情的权利。你的行动也是有一定空间的,业余时间不单单同恋人、家人在一起,还要到各种社交场合、社会活动场所。

你心爱的人是否经常会在你工作繁忙的时候突然生病,搞得你分身乏术,手足无措?他是否经常忘带钥匙,急呼你回家开门,让你只得放下手中的工作,应声而去。

如果你的生活中出现了上述的情况,你可能就会感叹——当初他可不是这样,那时我们都能互相体谅。殊不知,正是你的体谅造就了他的这种改变。

要学会承受,无论是选择做全职妈妈还是职场女性,既然选择了,就必须承受,承受方方面面带来的问题,来自家庭的,来自工作中的……如果没有一份宽容大度的心态,面对来自各方面的压力和问题,女人很容易产生抱怨心态,继而转化成怨妇,生活中的点点滴滴都可能升级成抱怨的对象,遇事也容易钻牛角尖。

当他以前偶尔出现上述的某种行为时,你体谅、迁就他;正是你的体谅和温情强化了他的这种行为,让他认为可以通过这样的方式获得你的体谅和温情。

有一种行之有效的方法可以让你帮他改掉那些习惯，那就是你必须学会对心爱的人说“不”。相爱是应该互相迁就，互相体谅，但不是无条件的顺从。无论是谁，只要他提出的条件是不合理的，我们都有权利拒绝。

你还要有一个自信的心态，无论贫穷与富有，不要整天为家里的琐碎小事而心生抱怨，不要抱怨生活没有给你理想的状态，抱怨人生对你不公。每个人都会遭遇挫折和烦恼，聪明的女人，应该时常保持一份自信乐观的心态，善于在生活中发现和寻找快乐，你才会获得幸福。

像程女士这样的情况，应该扩大自己的社交和生活圈子。设立自己的生活目标，你也可以去建立自己可以管理的事业。放轻松，想想已经比别人好很多了，你不缺钱(经济上还不错)，不缺爱(有一个爱你的丈夫)，不缺知识和能力(你是女白领)，你只是暂时失去生活的目标而已。相信通过你很快会找回自我。

心灵驿站

女人要不失自我，下面这些必须注意，你要有一份独立的工作和事业，有一份独立的工作，不仅仅能满足物质生活需求，也是自我价值的体现，更是经济独立的标杆。

冷静对待"第三者"的入侵

第三者插足，是引起夫妻争吵的火苗，是造成家庭分裂的祸根。当夫妇之间发现了这个令人烦恼的"秘密"时，该怎么办呢？

发现丈夫有了"第三者"，不可唱"吵、打、散"三部曲。有些女性，发现对方有了外遇，出门骂，进门吵，大闹三六九，小闹天天有，想把对方"骂"回头，这是不切实际的想法。靠辱骂并不能提高对方的觉悟，虽说可能起一时的"压制"作用，却不可能有彻底的"疗效"。弄不好，反使对方完全失去自尊，破罐子破摔，事情搞得更僵。有的骂一通并不解恨，于是，动手就打。打了对方，真能消心头之恨吗？未必。

第三者所以能够插足，往往就是因为夫妻之间在感情上有隙缝，再拳打脚踢，岂不使裂缝更大了？越打，就会把对方越赶得远离自己，更靠近"第三者"。倘使打失了手，出了人命，自己又要受法律制裁，这又何苦呢？有的人发现爱人有了"第三者"，干脆来个"离婚"。如果对方属于屡教不改之徒，离婚之策是可以考虑的。如果对方只是初犯，并有悔改之意，还要坚持离婚，就失之妥当了。离婚，并不能转变对方的思想，更何况，分道扬镳，孩子受累，于心何忍呢？

今年 32 岁的某企业住京办主任苏女士，春天的一个晚上，无意中翻看丈夫的手机短信，发现名叫芊芊的女子与丈夫过往甚密，短信内容很是暧昧，顿生恨意。于是，她按短信发出的号码与芊芊通话，并约至一咖啡馆谈判。

交谈中，苏女士逼问芊芊对老公"放不放手"，对方沉默，她一恼之下将咖啡泼过去。再次喝问时，对方仍不言，恼羞成怒的苏女士掏出携带的水果刀，刺向芊芊的胸部……咖啡馆员工迅速将其送至医院抢救。经鉴定，芊芊伤情为重伤。

事后，苏女士因故意伤害罪被起诉，在法庭上，苏娟仍坚称"对自己的行为不后悔"。

苏女士是个烈性的女人。无疑，她是深爱丈夫的，在面对婚姻危机的时刻，她选择极端的方式维护家庭。反而害人害己。正如法庭上法官所说，面对感情困惑时要冷静、理智，不要因一时气愤而不计后果。

发现丈夫人有了"第三者"，最要紧的是需要冷静地分析原因，有针对性地做工作，动之以情，晓之以理。不妨多谈谈恋爱时的甜蜜生活，让对方回忆起当初的山盟海誓，追踪花前月下的行迹，重新燃起爱的火焰；多谈谈共度患难的时刻，以自己的忠贞，打开对方良心的大门；多谈谈孩子的可爱之处和失去家庭的凄凉遭遇，让孩子的缆绳拉回这可能漂去的船儿；多谈谈家庭和个人的前景，使之看到与第三者发展下去，家庭破裂，自己也有跌入深渊的危险，催其猛醒；多谈谈自己的不足，开展必要的自我批评，以情感人。真挚的感情，善意的规劝，回忆甜蜜的过去，叙述幸福的现在，展望美好的将来，都可能使误入歧途的爱人重返正道。

要割断丈夫与"第三者"的往来，有时单靠自己"孤军作战"是无济于事的。因此，需要向亲友"求救"，向组织"伸手"，以便"内外夹攻"，造成"四面楚歌"，促使他回心转意。

在情感这个界面上，每一个女人的内在都有其多疑的一面，更多的时候，镇定与自信也许只是浮在女人表面的一件外衣。因为不信任对方，而采取任何一种不理智的行为，充其量只能强迫对方给我们一种形式上的满足，而那也只可能是一时的。你越是怀疑有"第三者"的存在，"第三者"就会存在。那么，谁才是你需要战胜的第三者呢？

有一句话说，"这个世界上没有推销不出去的产品，只有不会推销的人"。同样也可以这样说，"这个世界上没有守不住的婚姻，只有不会守婚姻的人"。这对于女人是很受用的一句话，一个聪明的女人能在"第三者"出现的时候，以一种处事不惊的态度将婚姻稳住。

绝大多数男人都选择婚外恋来丰富自己的情感生活，这绝不是他妻子的错，统计表明，家中的妻子越是温柔美丽贤惠，男人越容易有婚外恋，(饱暖思淫欲)，而拥有悍妇的男人婚外恋比例最小。

丈夫有了“第三者”，这无疑会使夫妻关系蒙上一层阴影。然而，当排除了“第三者”，和煦的阳光又会给夫妻生活增添温暖，时间会酿出信任的甜酒，正如苏联教育家马卡连柯说过的那样：“爱情也是可以恢复的”。

心灵驿站

其实自己好好精彩的生活就是对“第三者”最好的报复。不要让自己生活在狭隘的仇恨中，要让自己变得落落大方，这样你放了别人，更多的是对自己最好的救赎！

正确处理家庭与工作的关系

做一份工作能使人立足社会，成就事业能积累财富，也能收获成功的喜悦和相应的尊重和地位。对于一个女人来说，只是名利双收算不上成功，而同时拥有幸福家庭的女人，在人们的眼中才是成功的。工作、事业、家庭，有人却因之不能相容而倍生苦恼，或是顾此失彼产生矛盾。

传统价值观认为“相夫教子”才是女人的天职，她们认为，即使出外工作，也是为了“贴补家用”，偶尔，当职位或薪水高于先生时，又怕造成先生的压力，间接影响婚姻和谐，因此心中经常充满了矛盾和焦虑。这些负面情绪经常会影响女性在工作及在家庭关系上的表现，因此，要在职场上充分发挥女性应有的潜力，认识现代女性的复杂情结，是做好女性生涯规划的第一要务。

要事业，还是要孩子？对现代白领一族来说，这是个难解命题。升职带来的光环和成就感固然灿烂，可生孩子又有一个最佳年龄段。选择做高龄产妇，无论对孩子，对自己，还是对整个家庭，都是个不小的考验。生育意味着要离开工作岗位3个月甚至更久，很多女性担心自己会被人取代。那么，到底怎样做才能化解二者之间的矛盾，在职场和家庭生活中实现双丰收呢？

这就需要眼光放远一点，认真规划自己的职业生涯。如果刚工作没多久。就把精力全都放到怀孕、生孩子上。由于积蓄不多，生完孩子后出于经济方面的考虑，把孩子交给父母养育，自己匆匆返回职场，很可能两边不讨好，既错过了孩子的早期教育，妨碍建立良好的亲子关系，又会因孩子分心影响职场发展。

然而，纵观事业有成的女性，真可说是凤毛麟角。究其原因，是因为多数女性在还未充分尝试前，便已画地自限，让自己的焦虑和恐惧淹没了应有的表现。现代职业妇女的焦虑，大可分为两类：

冒牌现象：许多女性经常无法积极肯定自己的工作表现。认为自己的成就，是由于“运气好”、“时机恰当”或“侥幸”，而非自己的努力、坚持和投入的产物。因此，潜意识中总是害怕有朝一日会被人发现自己并不如想象中的好，如此一来，她们所拥有的一切便会化为乌有。因此，成功所带来的并非喜悦，而是更多的恐惧。

社交边缘人：职场中的女白领，常会和男性同仁保持距离，以免遭受非议。若能抛开矜持，和男同事称兄道弟、打成一片，又会被冠上“不像女人”或“具攻击性”等字眼。女性主管，即使是为了公务，而必须经常和某位男性部属同进同出，也容易遭人误会，引起飞短流长。因此，许多女性要面对种种孤独、疏离和不安全的感觉。

那些高智商的女人说得最多的就是：感谢我的婚姻，是它让我获得了一切。职业专家也做过相应的统计：那些已婚、有小孩、婚姻幸福的女人，比较容易获得成就。因为她们的丈夫尊重她们的事业，夫妻二人都把婚姻放在首位，两人制订的事业目标都不会对婚姻有所伤害。这样的夫妻在不同时期以不同的目标作为优选对象，当妻子把主要精力放在生养小孩上面时，丈夫就能把更多的心思投入到工作中去。

一个女人生存在这个世界上，在领导面前，要做一个心态积极，工作努力的好员工；在同事面前，要做一个宽容大度，善于与人协作的好同事；在朋友心中，要做一个真诚正直，博学多才，能带来帮助和快乐的好朋友；在老人眼里，要做个嘘寒问暖，孝顺知礼的好女儿好儿媳；在丈夫身边，要做个善解人意，体贴温柔的好妻子；在孩子面前，要做一个会关心教育孩子，事事做好榜样，考虑周全的好母亲；要做好这么多的角色，真是太不容易。但是没有做不到，只有想不到。

据调查，将近1/3的女性在休产假时会有失落感，觉得自己不再被看重，将近一半的女性相信同事会认为生育后的自己对工作的负责程度会降低。孕期过后，女性因为需要更多的经济保障和自身的尊重需求而重返工作岗位，即使没有失去原来的工作。也有不少人出现了“不适症”，换工作或轮岗的需求再次凸现。

其实，职业女白领的事业与家庭两者之间并不矛盾，不能把二者对立看待，要注重和追求事业与家庭的兼顾与平衡。

只有有意识地营造良好的家庭氛围，取得家庭成员特别是丈夫的理解、信任、体贴、宽容，才能在工作中遇到挫折时得到亲情的慰藉，从而调适心理状态，树立战胜困难的信心。否则，和睦的家庭就会变成病态的家庭，生活在这样的家庭氛围中，心理就会被扭曲，甚至出现反常行为，对工作十分不利。

心灵驿站

事业是为了家庭，家庭是为了事业，二者相辅相成。因为家庭你可以不必一个人去面对，由于事业你的家庭可以更加稳固。无论在外是多么重要的社会角色，在家庭中你仍是普通的一员，有责任担负起照顾家庭成员的义务。

把握自己，拒绝红杏出墙

尘世间的爱情，再轰轰烈烈到最后也不过就是“过日子”罢了。无法明白这点的男人便会被所谓的“三年之痛”、“七年之痒”的魔咒击中。千篇一律、一成不变的婚姻生活会使深锁在无聊与寂寞中的男人开始渴求改变，跃跃欲试地寻求冒险。

这类男人并不是通过“出轨”去寻找真正的爱情，只是想借此调剂平淡的生活。可是作为女人的你，如果把持不定就成了他猎奇的牺牲品，你只是他家庭生活不幸福、工作压力过大的一种安慰，你并不是他的真命天女。

这样的你只是个“第三者”，你和他的感情不能公之于众，你也只能充当地下情人，当有一天他发现你和他的妻子一样令人乏味时，他随时会抽身离开，而你却深陷爱情的世界里不能自拔，最后一个人承受巨大的身心创伤。

即使这个男人对你真的有感情，即使他答应娶你，你也会被道德谴责，你也会承受你自己无法想象的舆论压力：她是个“第三者”，她抢了别人的丈夫，毁了人家的幸福。所以，聪明的女人们，你们要明白：别人的丈夫不能爱，他不是真正属于你的另一半。而很多女人却在这上面犯糊涂，痴痴地爱上不属于自己的男人，结果被一段没有结果的孽缘苦苦折磨。

即使他答应娶你，你也会被道德谴责，你也会承受你自己无法想象的舆论压力，完美的爱情是每个女人梦寐以求的，女人也相信不管天涯海角，始终有个他在等待自己的。对真爱的渴盼无可厚非，可是女人心中一定要警钟长鸣，不要以为别人的丈夫可能是你的真命天子，不要做一个

"第三者",因为最终受伤害最深的是你。

胡女士是个很内向的女孩,从小学习都很用功。她长得很乖巧,因此进了大学以后就有很多人追求。她从小父母关系不好,经常吵架,她的童年几乎都是在他们的打骂中度过的,也许是受家庭的影响,她怕恋爱,更怕婚姻,所以对那些追求她的男生她都拒绝了。而这个时候,她的老师却闯入了她的世界。

他专攻德育教育,不高、不帅,也谈不上有钱,但是胡女士喜欢他那忧郁的眼神。所以她努力学习,成了他的得意弟子,而他也成了胡女士诉说心事的对象。但是他们没有什么促膝长谈的机会,更多的时候,是胡女士在交作业的时候就把所想的夹在里面,像小孩子传纸条一样,他从来都没有给胡女士回复过。胡女士一直坚持着,她也知道老师有妻子和一个女儿,也知道老师是本分的人,可是她就是无法自拔,她觉得自己再也无法喜欢上别人了。期间老师对她说过,他对胡女士的感觉很好,可是他不会背叛他的妻子。

胡女士仍然在苦苦地等,即使毕业以后,很多人都说她有问题,她依旧不愿意放弃。胡女士爱上了一个有妇之夫,虽说她的老师没有给过她任何承诺,可她认死理儿,钻进了牛角尖,不肯让自己解脱。

所以,女人不能爱上别人的丈夫,就好比人家院子里的果实即使再甜,你也不能偷。偷了的果实就变成了苦果。放下不该有的孽缘,去寻找真正属于你的爱情,你的感情生活才会真正的幸福,否则,你只会尝尽爱情苦果,深陷感情的漩涡不能自拔,最终让自己身心俱疲。

小丽和她的上司黄总演绎了一段无果的爱情。当时她在他的分公司做事,小丽知道他有家还有个儿子。黄相貌普通但为人很聪明,加上他在女人面前习惯性的优雅风趣,敬佩的同时小丽对他还存有一份好感。

有一天,他突然对小丽表白,而这时小丽已经爱上了他。她决定不惜一切也要成为他的妻子。他在小丽耳边喃喃地诉说他不幸的婚姻和不幸的身世。他的妻子是个很精明厉害的女人,掌管着家里的一切生杀大权。小丽明白,要想真正拥有他,就必须从事业上帮助他,并且成为他不可分割的左膀右臂。

他们开始了同居。小丽也开始积极进行她的计划。两年多下来，公司发展不俗，她也成为黄最得力的助手，但他离婚的事却遥遥无期。他们开始了激烈的争吵，常常吵到无法休息而影响第二天的工作。

黄的父母在他年幼时就离了婚，这给他留下了很深的阴影。外表看来严厉的他其实有颗敏感软弱的心，也造成了他犹豫不决、优柔寡断的性格。即使是炒公司里的一个职员，他也要下很大的决心才能够做到，更何况是他的妻子？他的妻子能够放任他近几年的时间一人在外闯荡而丝毫不担心自己的地位，是绝对有道理的，因为她太了解他了！他们结婚十年，而小丽和黄真正的相处只不足两年，只是可惜认识到这一道理时，小丽已经不能自拔了。

为了和黄结婚，原本清高自尊的小丽不得不忍受各种痛苦，以至于弄得自己身心俱疲，病弱不堪。身边所有的朋友都劝她想开点，不要死抱一棵树不放。但她总是愿意相信黄遥遥无期的各种许诺和借口，始终不肯放手。

他们和夫妻一样生活了5年。在为这一纸婚书的战斗中，他们都筋疲力尽。往日的激情已淡，事情到此，她早已对他失去信任。双方僵持不下的结果，只有小丽是最终的受伤害者。因为他的家、他的妻儿、他的事业依然，但小丽付出的却太多太多，再也无法挽回。

小丽执著于一段没有结果的爱情，使自己走上了一条不归路。虽然黄说是真的爱她，可是以黄的性格，他不可能和妻子离婚，他还有孩子。其次，即使她真的和黄结婚了，她也伤害了另一个可怜的女人。5年时间对于一个女人是何等的宝贵，她把5年的时间都放在了一段没有结果的爱情上，既浪费了青春还给自己带来无法言说的伤痛。

心灵驿站

爱上别人的丈夫就等于等候一个遥遥无期的承诺，即使苦苦守候也是一张空头支票，青春已逝，受伤害的只能是女人自己。